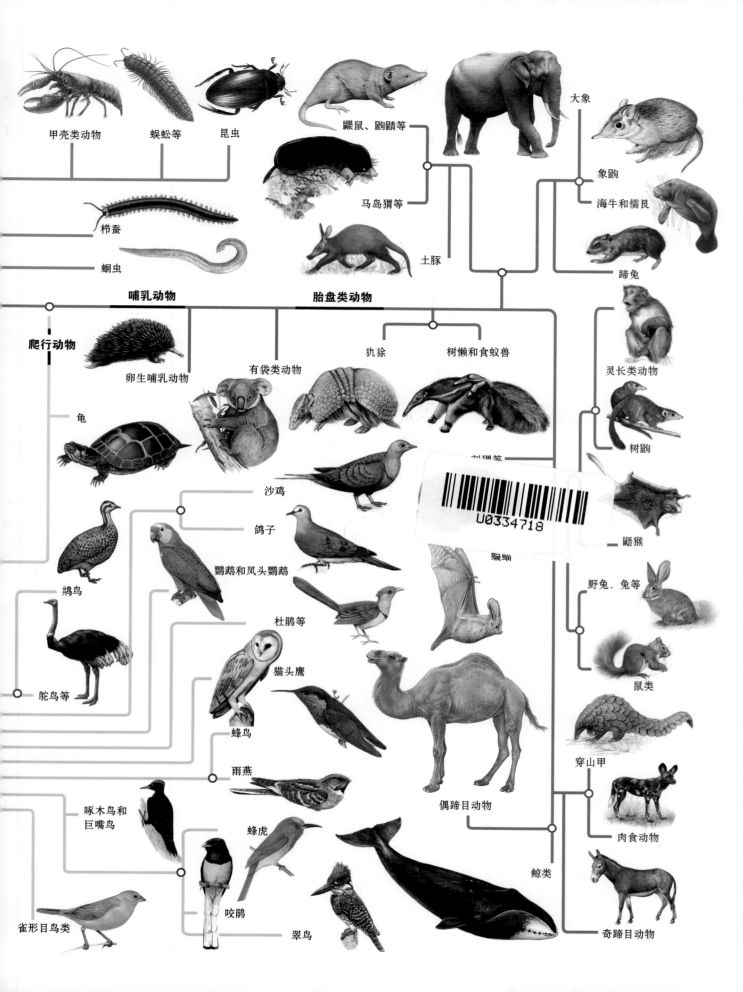

甲壳类动物　　蜈蚣等　　昆虫

蚰蚕

蛔虫

哺乳动物　　　　胎盘类动物

爬行动物

卵生哺乳动物

有袋类动物

犰狳　　树懒和食蚁兽

龟

沙鸡

鸽子

鹦鹉和凤头鹦鹉

杜鹃等

猫头鹰

鹑鸟

鸵鸟等

蜂鸟

雨燕

啄木鸟和
巨嘴鸟

蜂虎

咬鹃

雀形目鸟类

翠鸟

偶蹄目动物

鼩鼱

鲸类

鼩鼱、鼩鼱等

马岛猬等

土豚

大象

象鼩

海牛和儒艮

蹄兔

灵长类动物

树鼩

鼯猴

蝙蝠

野兔、兔等

鼠类

穿山甲

肉食动物

奇蹄目动物

U0334718

头的这一部分碰到猎物时，它们的肌肉便会收缩，加快吸收。北部凯门蜥的居住环境离不开水，以蜗牛和蛤蜊为食。它们用牙咬碎这些软体动物的外壳，将肉分离出来，然后将其他部分吐掉。科莫多巨蜥非常擅长捕猎，它可以将自己的伴侣们聚在一起，围捕猎物。现今只有毒蜥属的蜥蜴擅长用毒液杀死猎物，如希拉毒蜥和珠毒蜥（是毒蜥属独有的两种蜥蜴），可以捕食一些小型哺乳动物，但是它们最喜爱的食物是鸟卵和陆地龟。也有草食性蜥蜴，如鬣蜥，它

们的肠内有隔膜，可以延长植物的通过时间，使微生物降解纤维素，帮助其消化。最后是海鬣蜥，它们仅以海藻为食。有的蜥蜴将自己的尾巴作为营养储存器官。在活跃期，它们尽可能多地摄取食物，并将多余的脂肪储存在尾巴中。到了食物匮乏期，依靠这些储存，它们便可以生存。因此，可以根据其尾巴的厚度来判断它们的营养状态。

林地之下
蜥蜴实际上可以在各种环境中生存，但是在热带地区更为多见。

多样的食物

大部分以无脊椎动物为食。少数种类捕食小型脊椎动物，还有些蜥蜴吃植物和卵。

喷点变色龙
（*Chamaeleo dilepis*）

鬣蜥

门：	脊索动物门
纲：	爬行纲
目：	有鳞目
科：	鬣蜥科
种：	410

鬣蜥科汇集了旧大陆的一些蜥蜴种类，主要分布在亚洲、澳大利亚和非洲（除马达加斯加和新西兰之外），其中最著名的要数龙蜥类。人们经常将其与美洲鬣蜥混淆。它们的栖息环境多种多样，包括树林、灌木丛、沙漠甚至城市。大部分以昆虫为食，在地面或树上生活。

Uromastyx geyri

尼日王者蜥

体长：35 厘米
保护状况：未评估
分布范围：阿尔及利亚、马里、尼日尔

外形
雄性和雌性背部都有明显的突起。

体色
雄性的体色比雌性明亮。

尼日王者蜥是同种中体形最小、体色最明亮的。其中黄绿色的或橙绿色的最为突出。雌性的体色没有雄性多变。尾巴健壮，且覆有粗厚的鳞片，这也是它们俗名的由来。栖居在海拔 500~2000 米的半荒漠地区的多岩石地带。草食性，成年蜥蜴可以食用各种植物。卵生，每次产卵 8~20 个，由雌性在巢穴中孵化 8~10 周。幼蜥大约在巢中生活两个多月，然后离开并找到自己的巢穴。2~3 年后性成熟。

Trapelus mutabilis

埃及鬣蜥

体长：8~9 厘米
保护状况：未评估
分布范围：非洲北部、阿拉伯半岛、土耳其

埃及鬣蜥是撒哈拉鬣蜥中唯一一种背部鳞片大小不规则的蜥蜴。体色介于灰色和肉桂色之间。中间线上有 4 个或 5 个暗色斑点，这些斑点的中心颜色较亮。腹部呈白色，头部突出：鼓膜隐蔽，因而其吻部短，嘴唇前倾。尾巴后半部分呈圆状，尾端窄且尖。外咽囊的颜色存在性别二态性。雄性喉咙有蓝色的平行条纹，雌性的条纹则呈灰白色。四肢发达，能够快速灵活地移动。栖息于多岩石的荒漠地区，会避开多沙地区。经常出现在平原的金合欢林中。主要在白天活动，夜间躲在石头、树干下面或巢穴中。白天经常面向太阳在石头或树干堆上休息，此时它们的体温调节系统会发挥作用，以便抵御高温。在最冷的时期，个别埃及鬣蜥会冬眠。以甲虫、蚂蚁、白蚁和蠕虫为食，有些还会吃少量的植物。夏季猎物稀少时，它们的体重会急剧下降。在繁殖期，雄性会与多只雌性交配，具有领地意识。雌性产 5~10 枚卵，经过 1 个月的孵化期，幼蜥破壳而出。

Draco volans
斑飞蜥

体长：7.9~8.1厘米
保护状况：无危
分布范围：印度南部、亚洲东南部

领地意识
雄性通过展开体侧的薄膜来守卫自己栖息的树木和雌性。有时也会张开颈部的皮肤。

体侧有薄膜，使斑飞蜥可以利用风在丛林间滑翔，就像有翅膀一样。与其他飞蜥不同，其翅膀上端有长方形的棕色斑点。下半身颜色为黄色、橙色及深蓝色相混合。雄性颈部皱襞呈亮黄色，而雌性则为灰蓝色。白天活动，但在最热的时候休息。以昆虫为食，会极有耐心地等候蚂蚁或白蚁的经过，然后不动声色地将其咀嚼吞咽。

Agama agama
彩虹飞蜥

体长：12厘米
保护状况：未评估
分布范围：撒哈拉以南非洲

多彩
体色会因温度和活动变化而改变。

彩虹飞蜥的体色独特，由红色和亮蓝色组成，这也是其名的由来。头部和身体区别明显，耳朵呈外孔状，眼睑发育完全。主要以昆虫为食，利用带有黏膜腺的舌头捕食。也会吃一些小型哺乳动物、爬行动物、草、花和水果。交配仪式只持续1~2分钟。雌性会在潮湿的沙地上挖一个洞，然后产下5~7枚卵（性别取决于温度：在较高温度下孵化的卵最后出生为雄性）。

Hydrosaurus amboinensis
印尼帆蜥

体长：35厘米
保护状况：未评估
分布范围：东南亚

印尼帆蜥是一种体形较大的鬣蜥。尾巴根部有帆状鳍足。头部小，吻部偏长。皮肤呈棕绿色，有黑色斑点，经常出现在树林或溪流附近。

擅长游泳，身体的进化也适于在水中活动：体侧的扁平长尾巴和带有特殊附属器官的脚趾使它们能够在水面爬行一小段距离而不沉入水中。离开水面后，活动不便且脆弱。

基本以植物为食，但是也会捕食各种昆虫和小型啮齿目动物。

又名帆尾蜥蜴、水龙、水蜥，原产于东南亚，特别是在印度尼西亚的一个群岛——摩鹿加群岛。可存活15年以上，每12个月产5~9枚卵，孵化65天后幼蜥出生。雄性一般比较好斗，经常侧立以展示自己的体形。雌性在出现领地争端时，会表现出攻击性。

Calotes calotes
树蜥

体长：9~11 厘米
保护状况：未评估
分布范围：斯里兰卡

腰
腰上有矛尖状背冠，并一直延续到颈部。

树蜥的头部扁平，额头凹陷，眉骨似剑。扁平的身体上覆有大块鳞片。腹部鳞片为坚硬的龙骨状。身体呈亮绿色，背上有 5 道或 6 道黑色、白色或奶油色的条纹，不同个体间会有些差异。雄性头部为棕色、绿色和黄色，在繁殖期会变成红色。喉部鳞片呈剑突状向后排列。交配后，雌性会在地上挖一个洞，然后产下 5~6 枚卵。80 天后幼蜥出生。

饮食
白天活动，以昆虫、无脊椎动物和植物为食。

Chlamydosaurus kingii
伞蜥蜴

体长：23~29 厘米
保护状况：无危
分布范围：澳大利亚北部、新几内亚岛东南部

伞蜥蜴颈部有一圈带软骨刺的皮肤褶皱，看起来像一个斗篷。

除尾巴之外，身体统一呈棕灰色。尾巴上有暗色条纹，尾端为灰棕色。有些伞蜥蜴不是灰色而是深红色。

树栖性，只在觅食时会从树枝上下来。肉食动物，食物主要包括无脊椎动物和小型哺乳动物。

在雨季开始时交配。雄性在向雌蜥求偶时，会展开颈部的褶皱，发出有节奏的哨音，并在其周围跳舞。雌性平均每次产卵 8 枚，孵化期长达 70 天。旱季时冬眠，体温降低，几乎不活动。

自卫
浅黄色颈部褶皱直径可达25厘米。

Pogona barbata
东部鬃狮蜥

体长：75~85 厘米
保护状况：无危
分布范围：澳大利亚东部及东南部

东部鬃狮蜥身体侧面有一排刺，咽囊边缘也覆有像胡须一样的尖状鳞片。强壮的身体呈灰色或黑色，有时也会变成棕色。当进行侵略性活动或者调节体温时，体色会发生变化。

白天活动，半树栖性，经常在树干或树枝上晒太阳；在最炎热的时候，会从树上下来，躲到阴凉处。

雄性有很强的领地意识，通过展开鬃须或者露出黄色口腔来守卫自己的领地和雌性。经过进化，上下颌颌骨含有毒腺。

杂食动物，吃各种昆虫、小型脊椎动物如老鼠、蛇和小蜥蜴。也会吃水果、小树叶、花和浆果。

这种蜥蜴不论是在动物园还是野生栖息地，在湿润的树林还是干燥的灌木丛，都可以存活，寿命一般为 4~10 年。2 岁时性成熟。交配后 1 个月雌性在用湿润沙子覆盖的洞穴中产卵，平均产 20 枚。经过 60 天的孵化，幼蜥出生。父母不负责照顾幼蜥。

Moloch horridus
澳洲魔蜥

体长：7.8~11 厘米
保护状况：未评估
分布范围：澳大利亚中部和西部

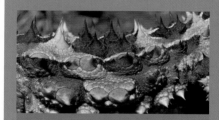

难以吞咽
澳洲魔蜥受到威胁时，会将自己的头部折叠在两个前脚之间，亮出颈部后面的巨大刺棘。如此，捕食者会难以将其捕捉和吞咽。

澳洲魔蜥是鬣蜥科中外形最奇特的种类。整个身体都裹着一个带刺的甲壳，甚至腹部也有锥形的鳞片。皮肤颜色在一天之内会发生变化：早晨为棕色或橄榄绿色，随着气温的升高，渐渐变成黄色。与雄性相比，成年雌性更加强壮，体形也更大。雌雄体形都会不断变大，直到 5 岁。只吃用舌头捕来的蚂蚁。每分钟可以吃 45 只蚂蚁，每天可以吃 600~3000 只。它们的牙齿排列得像一个切割工具，使其能够咬碎昆虫带有几丁质的坚硬甲壳。经常会有线虫寄生，这些线虫一般通过蚂蚁寄生到澳洲魔蜥身上。

可以通过改变姿势来调节体温。通过增加身体与温热地面的接触面来提高体温，反之，也可通过减少接触来降低体温，如用后肢支撑，并将前肢靠到树干上。

栖息于荒漠，偏爱多沙的地面，避开多石或坚硬的地区。

有可以用皮肤来饮水的奇异能力：下雨或者环境湿润时，掉落到皮肤上的水可以通过细小的毛细血管传到嘴中，这样它们就可以在最干旱的地区生存了。

在秋季的 3 个月中最为活跃，在冬末到夏初的 5 个月中交配产卵。雌性在 11~12 月间产 3~10 枚卵，2~3 个月后，幼蜥会破壳而出。幼蜥的外形和成年澳洲魔蜥非常相似。幼蜥行动缓慢，行走过程中时常会休息一段时间。

适应
棕色和金黄色的斑点也是它对环境的适应。

皮肤刺
顶骨上的两个刺状骨质延伸，看起来像两只角。

变色龙

| 门：脊索动物门 |
| 纲：爬行纲 |
| 目：有鳞目 |
| 科：避役科 |
| 种：185 |

避役科物种舌头很长，可以远距离捕食猎物。此外，它们的体色可以发生变化。这些变化是由其神经系统控制的。受光线、温度和情绪状态的影响，色素会收缩或扩散造成肤色的变化。分布于非洲大陆和马达加斯加，但是也有少数种类生活在亚洲。此外，还有一种生活在欧洲南部。

Chamaeleo calyptratus
高冠变色龙

体长：50~60 厘米
保护状况：未评估
分布范围：也门、沙特阿拉伯

锋利的爪子
高冠变色龙的每只脚上有两个脚趾，每个脚趾上都有锋利的爪子，这使它们能够快速地攀爬树干而不坠落。

高冠变色龙的头骨巨大，高度可达 10 厘米。两性之间存在很大差异。雄性体形更大，身体呈绿色或鲜艳的绿松石色，缀有金黄色条纹，同时这些条纹上还分布着黑色的螺旋状花纹，冠顶或颅骨也比雌性大。雌性体色为淡绿色，分布有肉桂色、橙色或奶油色斑点。

树栖性，一般以昆虫为食，旱季时会吃树叶以获取水分。个性胆怯，具有领地意识，有时也会有侵略性。面对威胁时，它们会采用胎儿的姿势，体色变暗且保持不动，伪装死亡。

雌性交配 1 个月后产卵。每次产卵 35~85 枚。每年可以交配 3 次。

Furcifer oustaleti
奥力士变色龙

体长：65~80 厘米
保护状况：未评估
分布范围：马达加斯加

奥力士变色龙和国王变色龙是避役科体形最大的物种。奥力士变色龙是马达加斯加岛特有的一种动物。可以在各种环境中生存，包括干旱的沙地、湿润的海岸和干燥的树林。背脊和喉部都覆有锥状的鳞片。头骨上没有像角一样的附属物，也没有枕骨叶。

雄性体形比雌性大，而且尾巴基部更宽。其饮食包括各种昆虫、鸟类和哺乳动物（如老鼠），有时也会吃一些小果实。

卵胎生，体内可容纳 60 枚卵，妊娠期持续 40 天。

肤色
肤色使高冠变色龙具有高超的模仿能力。

Chamaeleo chamaeleon
地中海变色龙

体长：14.5~16.5 厘米
保护状况：未评估
分布范围：伊比利亚半岛北部、非洲北部

地中海变色龙是唯一一种生活在欧洲大陆的变色龙。

一般为黄棕色，带有暗色条纹，当隐蔽在树叶中时，会变成绿色。身体颜色和纹路会因不同行为而发生变化，如生气、伪装、繁殖、紧张或展现需求。

白天活动，行动缓慢。其饮食策略是静候捕猎，以减少能量消耗。

几乎专吃飞虫，用有黏性的舌头捕食。雌性在繁殖期一般与多只雄性交配。

交配需要消耗大量的体能，会出现 75% 的死亡率。雌性一般将卵埋在土中，每次可产 20~30 枚卵，重量超过自身体重的 50%。

冠
呈半圆形，样子像头盔，可以保护头部。

脖子
脖子短，扭动不便，有皮瓣。

Calumma parsonii
国王变色龙

体长：47~70 厘米
保护状况：未评估
分布范围：马达加斯加东部及中部

尾巴
尾巴长且弯，可抓物，因此它们可以紧紧地粘在树枝上。

彩色
眼睑和嘴唇呈黄色或橙色。

国王变色龙的头部呈三角形，鼻子和眼睛之间有两个疣状肉冠。成年国王变色龙身体基色为绿色、绿松石色和黄色。而幼年国王变色龙为橙色。体侧有奶油色、白色或黄色的斑点。爬行时，四肢会同时沿对角线反向移动，显得特别优雅。

雌性每 2 年交配一次，每次产卵20~25 枚，孵化期为 20 个月。

Brookesia minima
枯叶变色龙

体长：1.2~1.5 厘米
保护状况：未评估
分布范围：马达加斯加北部及西北部

枯叶变色龙是避役科最小的变色龙，也是爬行纲最小的动物之一。头部扁平，有由三角形鳞片构成的眼窝嵴。体色为绿色、棕色和灰色。常常有类似于苔藓的斑点。雄性体形更加短小，但尾巴更长。

以在丛林枯叶中找到的小昆虫为食，如果蝇。爬到树上只是为了休息。受到威胁时，会自己从树上摔下来并在一段时间内保持不动。雄性求偶时会不断摆动头部及整个身体。雄性会爬到雌性变色龙的背上进行交配。30~40 天后产 1~2 枚卵，3 个月之后幼年枯叶变色龙便会破壳而出。每只枯叶变色龙都有1 平方米的领地，这一领地禁止其他变色龙进入。

Furcifer pardalis
豹变色龙

体长：40~52 厘米
保护状况：未评估
分布范围：留尼汪岛、马达加斯加东部及北部

扁平的面部
上半部分瘦削扁平，覆有大块鳞片。

豹变色龙在马达加斯加及周边群岛的 20 多种变色龙中最为耀眼。在树木稀少的地区或灌木丛中生活。雄性比雌性更加活跃，繁殖期开始时，会为争夺领地而战。

饮食

它是一个"机会主义者"：其长舌可以获取的所有猎物。嗅觉和听觉不发达，只依靠其锐利的视觉来寻找猎物。

妊娠和出生

雄性会通过改变体色或摆动身体来求偶。交配过后，保存的精液可使雌性连续产 2 次或更多次卵。经过 3~6 周的妊娠期，可产 10~40 枚卵。

性别二态性
雌性体形更小，体色单一，尾巴基部窄小。可以透过它的皮肤看到卵。

多变的体色

体色可以呈现多种色调，如绿色、红色、祖母绿等。具有变色龙最显著的特点，即身体颜色和花纹可以随着环境、光线及温度的改变而发生变化。其色调强度的变化也是一种交流和伪装的办法。

肤色
变色龙的多个真皮层中分布着一些特殊的细胞。这些细胞可以调节色质，使皮肤的亮度、色调及花纹发生变化。

A 色素细胞表层（载色体）分布着红色和黄色色素。当它们同第二层的蓝色色素融合时，皮肤就会呈现绿色。

色素细胞

反射光　自然光

载色体
鸟嘌呤细胞
黑色素细胞

B 黑色素细胞中含有黑色素，会影响颜色的亮度和强度。红色和橙色的产生不受鸟嘌呤细胞的影响。

反射光　自然光

可以抓物的尾巴
尾巴长而卷曲，可以不用脚就轻松地抓住树枝。尾基部有半阴茎，因此显得宽大肿胀。

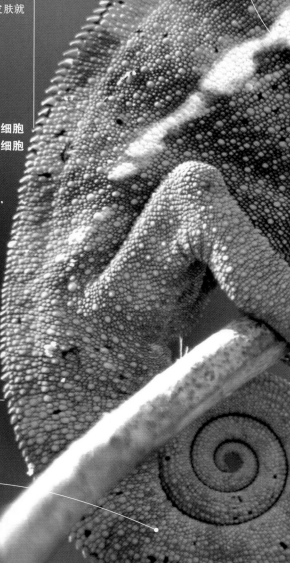

横向条纹
除了颜色的不同变化之外，豹变色龙所有变化的体色都有一条横穿腰身的白色带状条纹。

视力
眼睛呈穹顶状分布在头部两侧。两只眼睛可以不受彼此影响独立转动。

6个月
当豹变色龙6个月大时，体色会变得暗淡，很难区分其性别。

四肢的适应
前肢和后肢都有5个脚趾，并分成了两组，3趾为一组，另一组为2趾。因此，能够牢固地抓取物体。

3个脚趾　　**2个脚趾**

多样的色调

雄性通过自身体色的突然闪烁来吸引异性。当对方已经怀孕时，体色会发生变化，即为拒绝的标志。在不同区域有固定的颜色花纹。

繁殖期
体色不只因地域和光线而发生变化。这只处于交配期的雄性豹变色龙皮肤上的条纹更加鲜明。

换皮
豹变色龙可以很快地完全将皮换掉：一只豹变色龙大约用24小时可以完全再生整张皮肤。

发红
体色特点与地域环境相关。红色豹变色龙在马鲁安采特拉和塔马塔夫地区非常常见。

可以伸长的舌头

和其他变色龙一样，豹变色龙的舌头可以轻易地伸展拉长，具有黏性。它们会用力将舌头全部伸出以捕捉猎物。特别是一些蟋蟀、蠕虫、蟑螂和飞蛾。舌头为其捕食这些猎物提供了便利，这不仅归功于舌头的黏性，也归功于其老练的吸吮手段。

1 收缩
呈螺旋状压缩在舌头与加速肌间的胶原层储存着推动舌头的能量。

加速肌

骨头
舌头射出器的支撑。

2 伸展
发现猎物时，加速肌取消压缩，舌头被有力地射向目标。

舌头
舌头可以达到与身体等长的长度。

黏性舌尖
舌尖变宽且表面黏腻，可以将猎物固定。

3 收缩
由于组织的弹性和新一轮的收缩，变色龙可以将带着猎物的舌头卷回到出发点。

收缩肌

Rieppeleon brevicaudatus
小胡子侏儒变色龙

体长：8 厘米
保护状况：未评估
分布范围：坦桑尼亚东北部

在同属的变色龙中，只有小胡子侏儒变色龙的喉部具有类似于胡子的鳞片。其背部有突出的冠嵴。与同科的其他变色龙相比，小胡子侏儒变色龙的尾巴短小，可以抓物，可以像钩子一样抓住树枝。雄性尾巴稍长。

身体色调单一，尽管也可以变色，但体色总是介于绿色和棕色之间。

雌性可保存每次交配的精液，40 天后产 2~3 枚卵，这些卵受精于不同的交配。需要在湿润的地方孵化。小变色龙 4~5 个月后出生。体长 2~2.5 厘米，以非常小的昆虫为食。

性别二态性
雄性比雌性尾巴长。

伪装
为了不被捕食者发现，会将身体侧向收缩，模仿枯叶。

Bradypodion fischeri
费瑟变色龙

体长：30~32 厘米
保护状况：未评估
分布范围：非洲东部

背嵴
背嵴垂直，有许多锥形的小鳞片。

费瑟变色龙的头上有扁平的角，上面覆有鳞片，长度可达 2 厘米。此外，脊柱上还有一个角，看起来像一个扁平或锥形的钢盔，顶端或尖锐或圆滑。雌性的角非常小或没有角。

雄性的体色非常多样，有绿色、祖母绿色、黄色、橙色、白色、灰色、黑色和棕色；而雌性只有绿色并带有黄色斑点。

Rhampholeon spectrum
幽灵枯叶变色龙

体长：5~9 厘米
保护状况：无危
分布范围：非洲西部

幽灵枯叶变色龙的身体侧面有一排刺，喉囊覆有类似于胡须的尖锐鳞片。体色为灰色或黑色。

白天活动，经常在树干或树枝上晒太阳。

雄性具有很强的领地意识，在守卫领地和雌性时具有攻击性，会展开胡须并露出深黄色的口腔。经过进化，上下颌有毒腺。

Chamaeleo jacksonii
杰克森变色龙

体长：11~12 厘米
保护状况：未评估
分布范围：非洲东部

角

雄性有角，鼻子上有 1 个，头部两侧眼睛上方各有 1 个。经常用角与其他雄性争斗。雌性没有类似的角。

雄性杰克森变色龙头上有 3 个又长又尖的角，其中 1 个在鼻子上，另外 2 个在眼窝前。而雌性面部有 1 个非常小的角，两眼之间有 2 个未发育完全的角。有的雌性也有可能完全没角，或者仅仅只是一些角质鳞片。背上有 17~20 个锥形鳞片，并且由一个简单鳞片分开，形成了一个大的背峰。皮肤可以呈现出各种色调的绿色。模仿周围的苔藓时会变成灰色。遇到捕猎者的威胁时，会变成黑色。

主要以捕捉到的昆虫、蜘蛛和小蜗牛为食。发现猎物时会保持不动，静待猎物靠近。一旦猎物进入了它估算好的进攻范围，会马上瞄准目标伸出舌头，用黏性的舌尖捕获猎物。

雄性开始求偶时，会一边摆头一边转动眼睛。当雌性接受求偶时，会张开嘴巴，肤色变亮且静止不动。当雌性开始动且肤色变暗时，交配结束。卵胎生动物，妊娠期持续 6~7 个月。雌性每次可以产 20~40 个幼体，其中只有 25% ~30% 可以存活。根据幼体的数目，分娩过程将持续 30 分钟到 4 小时不等。雌性将幼体产在干燥的地面以便细胞膜脱落。刚出生的幼体体长约为 5.5 厘米，5 个月时可以长到 8~10 厘米。9~10 个月之后性成熟。

领地意识很强，当雄性太靠近时会互相争斗。

在肯尼亚和坦桑尼亚地区生活着 3 个亚种。经常出现在树林茂盛的地区或海拔 2500 米的山林。适合的环境温度：白天可达 30 摄氏度，夜晚为 10 摄氏度。一般寿命为 10 年。

峰

背峰上有17~20 个成对的大块锥形鳞片。雌性背峰偏小。

颜色

体色一般在深绿色和黄色之间变化。当雄性情绪激动时，头上的鳞片会变成蓝色。

美洲鬣蜥及其近亲

门: 脊索动物门	
纲: 爬行纲	
目: 有鳞目	
科: 1	
种: 650	

美洲鬣蜥科物种栖息环境多变,从海洋、雨林到荒漠都有分布。这得益于其体形、外观或颜色对环境的一系列适应进化。体长从 10 厘米到 2 米不等,尾巴长,一般用于自卫和在爬行时保持身体平衡。

Basiliscus plumifrons
双嵴冠蜥

体长:75~80 厘米
保护状况:无危
分布范围:巴拿马、危地马拉、哥斯达黎加、尼加拉瓜、洪都拉斯

双嵴冠蜥的身体呈绿色,并稀疏地分布着一些鲜艳的斑点。雄性的冠嵴一直从头部延伸到尾巴。尾巴上有黑色和绿色相间的环状花纹。

生活在树林、石缝或热带雨林河岸附近的灌木丛中。有领地意识,尤其是雄性。

一整年都可以进行繁殖,雌性一般产 4~10 枚卵。孵化温度必须高于 24 摄氏度,随着温度的升高,孵化期逐渐变短,一般为 55~105 天。

冠嵴
雄性的冠嵴非常明显,而雌性只有头上有冠嵴,并且很小。

Stenocercus fimbriatus
亚马孙枯叶蜥

体长:5~10 厘米
保护状况:近危
分布范围:秘鲁、巴西

亚马孙枯叶蜥是一种生活在亚马孙雨林的形似枯叶的小型棕色蜥蜴。四肢颜色暗淡,尾巴和身体等长。四肢上覆有龙骨状的坚硬鳞片。行动敏捷,遇到危险时,会迅速跑开几米,然后一动不动地伪装成枯叶,从而不被发现。此外,其体色和样子与这一地区常见的蚱蜢亚科蟋蟀非常相似。以各种昆虫为食,如蚂蚁、蟋蟀。于 1995 年被发现,是生活在南美洲的一种蜥蜴。

Iguana iguana
绿鬣蜥

体长：1.5~2 米
保护状况：无危
分布范围：中美洲及南美洲

绿鬣蜥的体形庞大，身体强壮并覆有鳞片。每足有 5 个带有长长爪子的指头。尖刺状冠嵴从颈部延伸到尾巴，高度可达 5 厘米。

尾巴上有黑色环状花纹。尾巴可用来爬行，也可当作鞭子，在危急关头用以自卫。由于自截系统，即通过肌肉收缩自行将尾巴截断，它们可以在必要的时候顺利逃跑。

Anolis carolinensis
绿安乐蜥

体长：15~20 厘米
保护状况：无危
分布范围：美国南部

绿安乐蜥的身体细长苗条，但是脖子较短。指头长且细，且基部有膜片，使其具有黏性，因此可以灵活地爬树。体色可以因情绪、周边光线和温度的影响而从鲜绿色变为棕色。

具有领地意识，好斗，尤其是同类的雄性之间。打斗时，它们会通过剧烈的头部摆动来互相恐吓。

Tropidurus albemarlensis
熔岩蜥

体长：15~25 厘米
保护状况：未评估
分布范围：加拉帕戈斯群岛

熔岩蜥的身体又细又长，雄性比雌性体形稍大。生活在干旱多石的地区，必要时，那里的土壤便于它们隐蔽，而且可以避免气候变化的影响。

一般白天活动，但是会避开中午时段。

雄性控制一片广阔的领地，并同领地内的所有异性交配。雌性在预先挖好的洞内产卵。一年之后，幼蜥出生，它们必须防备蛇和鸟类的攻击。

Cyclura cornuta
犀牛鬣蜥

体长：0.5~1 米
保护状况：易危
分布范围：多米尼加、海地、波多黎各

覆有骨质鳞片。

犀牛鬣蜥的身体庞大强壮。面庞上部有小角，正是因为这一特点，它们被命名为犀牛鬣蜥。背上分布着刺状鳞片，形成了从颈部到尾巴和身体等长的背嵴。此外，颈部有宽大的皱襞。

生活在海岸附近干燥或湿润的多石丛林中。会通过挖通道、寻找缝隙或者中空的树干来获得安全的休憩场所。

Phrynosoma
角蜥

体长：10~15 厘米
保护状况：无危
分布范围：美国、墨西哥

角蜥的外形和蟾蜍相似。头部宽且有 6 个角。体侧和尾巴下面有可以弯曲的刺。身体呈红色或黄色，腹部为白色。

利用迅速且可以缩回的黏性舌头捕食小昆虫。一般以蟋蟀、蚊子、蜘蛛、蟑螂和苍蝇为食。

栖居于有多刺灌木丛或多砂石的荒漠地区。为了躲避严寒酷暑，它们由上而下呈 "Z" 字形不断开挖地道，直到将自己埋进去。有冬眠的习性。一醒来就进入繁殖期。2 岁时性成熟，一般可以存活 15 年左右。雌性在湿润的沙地上产 14~30 枚卵，45~55 天后，幼角蜥破壳而出。

Amblyrhynchus cristatus

海鬣蜥

体长：0.5~1 米
保护状况：易危
分布范围：加拉帕戈斯群岛

成年特点·
刚出生的海鬣蜥是成年海鬣蜥的缩影。

不同小岛上的海鬣蜥有明显的差异：在圣费尔南多岛，雄性海鬣蜥重达 11 千克，而在热那亚岛，很少有海鬣蜥体重超过 1 千克。

交配和繁殖

在繁殖期，雄性会为了雌性而激烈争斗。适合筑巢的地方特别稀少，所以经常会有许多雌性共同筑巢，它们在多沙土的巢穴中产 1~6 枚卵。孵化期持续 2~3 个月。幼年海鬣蜥经常躲藏在石缝中，以躲避海鸥和其他鸟类的攻击。

保护

由于捕猎、栖息地的污染以及因厄尔尼诺现象引起的数目剧减，这一种群目前处于极度危险的状态。

集体晒太阳
在入水之前或之后，几只海鬣蜥会聚在一起晒太阳，以此来提高体温。

海洋生活

栖息环境与其他种类大不相同：大部分时间在海中度过，潜入水中觅食。可以适应水域环境，加拉帕戈斯海鬣蜥能够承受海水的冰冷，并且体内有减少多余盐分的腺组织。游泳时，心跳会变慢，从而减少体内热量的流失。

带有鳞片的背
除了背上的冠嵴之外，为了美观，它们的背上还有鳞片、结节和锥形突起。

暗淡的体色
可以吸收更多的太阳热量，以抵抗海水的冰冷。

四肢
海鬣蜥的四肢相对较长并且强壮，脚趾上有坚硬的爪子。

海内及海外

体形较大的海鬣蜥在海中以海藻为食，但是年龄及体形较小的海鬣蜥并不是如此。成年海鬣蜥可以潜入深达 12 米多的海水中。但是一般情况下，它们在低潮期潜入水中觅食的时间不超过 10 分钟。年龄偏小的海鬣蜥不会进入水中，因为它们体形太小，热量会迅速流失。

水外
年幼的海鬣蜥以海面礁石上的海藻为食。

中间地带
通过短暂的潜水获取食物。

涨潮

海平面

退潮

海藻

深水区
有丰富的海藻，但是只能通过潜水抵达。

刺状冠嵴
雄性的嵴更加显著。学名就是因此而来。

60 分钟
觅食时，可以潜水60分钟。

游泳方式
在陆地上爬行时，海鬣蜥的行动笨拙。但是一旦潜入水中便可以灵活地游动，尽管其前进速度并不会很快。为了通过游泳在水中觅食，它们的身体经过了一系列的适应进化：扁平的尾巴，刺状的背鳍。游泳时，身体侧向呈波浪状移动。

扁平的尾巴

四肢弯曲在体侧。

通过身体的波浪状移动不断前行。

鼻腺
通过鼻腺排出盐分，避免累积在体内。因皮肤上有大量盐垢，外表呈灰白色。

1.8 千克
当海鬣蜥体重达到1.8千克时才可以潜水捕食。低于这一标准则不可。

坚硬的爪子
爪子使它们能够牢固地抓住石头，甚至可以抵抗强大的水流。

海藻
海藻种类的不同造就了各个小岛上海鬣蜥的不同体色。

草食性牙齿
尽管海鬣蜥样子恐怖，但是它们从不捕食动物，是绝对的草食动物。为了适应其食物，它们的身体经历了一系列进化，其面部扁平，牙齿短小锋利，使其能够快速撕掉石头上的海藻。牙齿呈三尖瓣状，沿着颌骨边缘排成简单的一行，距离带有鳞片的嘴唇很近。

壁虎

门: 脊索动物门	
纲: 爬行纲	
目: 有鳞目	
科: 7	
种: 1381	

　　壁虎，中小型身材，经常在温带和热带地区出没。眼睛大，有些有可以转动的眼睑。壁虎是唯一可以发声的蜥蜴，并且每个种类声音不同。有些足底有肉垫，上面覆有微小的绒毛，这些绒毛具有吸附力，使其能够在光滑的表面上攀爬。

Gekko gecko
大壁虎

体长: 30~40 厘米
保护状况: 无危
分布范围: 亚洲

强壮的颌骨
利用强壮的颌骨对抗敌人，可以死死咬住对手几分钟。

抓景
脚趾的肉垫上有细小绒毛，使其能够紧紧地抓住树干。

　　大壁虎栖居于雨林或树林。头部扁平，和身体其他部分有明显的差别。四足强壮，有 5 趾，且每个指头都带有黏性膜片和趾甲。尾巴和身体等长，覆有鳞片，是储存脂肪的地方。

　　身体呈彩色: 灰色的底色上有天蓝色、绿色和红色的斑点。雄性体形比雌性稍大。

　　休息时，展开皮肤褶皱与树皮融为一体。受到攻击时会自行截断尾巴，大约 3 周之后，新尾巴会再生。夜间活动，但是白天也可以看到它们晒太阳。

　　雄性发出有力的独特声音来吸引异性。声音类似于"多格"，其俗名就源于这个噪音。通常 3~11 月活动，之后便很少出现。伴侣会在繁殖期捍卫自己的领地。交配时，雄性会用嘴将伴侣托起来。雌性在树洞或其他洞穴缝隙中产卵，平均产 2 枚卵。经过与空气的接触，这些卵逐渐变硬，并互相紧贴。

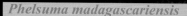

Phelsuma madagascariensis

马达加斯加残趾虎

体长：25~28 厘米
保护状况：无危
分布范围：马达加斯加及周边群岛

和大部分夜行性壁虎不同，马达加斯加残趾虎白天活动，因此体色非常鲜艳。和其他种类相比，它们的头部又小又长，尾巴稍细。四足组织上的膜片使其成为伟大的"攀登者"。

在树上生活，除昆虫和植物外还会吃花。承担着传播花粉的重要任务，利于植物的繁殖。

皮肤细腻，呈耀眼的绿色，有时会变成蓝色，背上和头上有红色的斑点。从吻部到眼睛分布着一些棕色线条，但会随着温度和光线的变化而变色。

受到攻击时，会拼命逃跑，直到落到杂草丛中，因其体色与后者混为一体而易于逃脱。

栖息地
树栖性，经常在树上捕食昆虫。也会吃一些植物

附着力
短小的脚趾以及具有吸附力的四肢使其能够轻松地攀爬树木而不掉落。

尾巴
遇到危险时可以轻松地截断尾巴，并迅速逃跑。

Uroplatus fimbriatus

马达加斯加叶尾壁虎

体长：30~35 厘米
保护状况：未评估
分布范围：马达加斯加及其周边群岛

眼睛
呈黄色，有红色条纹，瞳孔直立。

马达加斯加叶尾壁虎的体形巨大，在树木的不同高度上都可以生活。身体、头、尾巴扁平状。身体呈暗棕色，有绿色和黄色的斑点，使它们看起来和苔藓相似。抓紧树枝的能力、体色及尾巴的样子使它们成为最成功的"伪装者"。夜间活动，白天在树干上睡觉，和树皮混为一体。如果伪装失败受到打扰，它们就会张开嘴巴，露出舌头和口腔来自卫。另外，还会发出类似于猫叫的声音。

Tarentola mauritanica

鳄鱼守宫

体长：10~16 厘米
保护状况：无危
分布范围：西班牙、葡萄牙及非洲北部

鳄鱼守宫为夜行动物，生活在树上或住房附近，很受人类欢迎，被当作天然的灭虫器。与人类的共同生活使它们的天敌变少，生活安全并且有足够的食物。白天晒太阳取暖，晚上捕食。它们在地面或城市里的人工光源附近捕猎。和同伴交流时，会发出不同的鸣叫声。

Uroplatus henkeli

平额叶尾壁虎

体长：23~25 厘米
保护状况：易危
分布范围：马达加斯加

嚎叫
遇到捕食者靠近时，会发出巨大的嚎叫声来求助。

夜间大部分时间在丛林中捕食昆虫。发现猎物时，身体高度紧张并扑向目标。可利用后肢倒挂并保持平衡以捕捉猎物。

繁殖

小心翼翼地躲在树叶、树皮或干枯的植物下方产 2 枚圆形的卵。经过 90 天的孵化，幼壁虎出生，体长约为 6 厘米。

保护

和其他马达加斯加及世界上的壁虎一样，栖息地的破坏使它们面临着严重的生存危机。但是它们可以适应和容忍栖息环境的一些退化。相反，由于收集爱好者需求的增加引起的非法捕猎令它们的生存状况堪忧。

休息姿势
白天头朝下贴在树皮上休息，完美地将自己隐藏起来。

15
平额叶尾壁虎只需要15 微秒就可使自己的四足脱离爬行的平面。

像一片树叶
树叶状的尾巴不仅便于伪装，而且有助于在爬行时保持平衡，掉落时还能保证其安全着陆。

为什么四足能吸附

壁虎能够将四足固定在光滑的表面（如玻璃上），是因为毛发上的分子及其行走的平面上的分子之间有相反的微小电负荷，它们能够相互吸引，并且这一功能只能在一定的角度下实现。

向后的脚趾
刚倚靠到平面时，产生一个和步伐相反的压力。

小于30 度的角
呈这个角度时，足上的绒毛和光滑表面平行，并相互吸附。

完全附着的脚
脚掌像胶带一样贴在平面上。

撤离运动
脚上的绒毛抬到30 度角就可以轻松地离开平面。

覆有鳞片的皮肤
皮肤组织上有鳞片和斑点，便于藏身在树干上。身体呈棕色或灰色。

有鳞屑的眼睛

壁虎科蜥蜴没有功能眼睑。相反，眼睛上覆有一层透明的鳞屑，这一点和蛇相似。壁虎有舔眼睛的习惯，这样可以保持眼睛干净。平额叶尾壁虎眼睛突出，呈粉色或棕色，有红色斑点（但是有时候颜色会发生变化）。瞳孔直立，利于其夜间活动。

夜视
通过瞳孔的放大和适应，甚至在黑暗中可以看到一些色彩

带有黏钩的脚趾

大部分壁虎为树栖性，指头上有肉垫，使它们能够更好地黏附在不同的平面上，并且灵活地垂直爬行。

利用这一黏附机制，它们能够爬上倾斜的平面，因为它们脚趾上覆有微小的绒毛。

用于自卫的毛边
身体两侧有毛边，可以完全贴在平面上。因此，爬行时不会留下影子，从而不被发现

趾甲

一排排的丝

刮铲
四肢成千上万的绒毛中，每一个上面几乎都有一个名为刮铲的结构。

细丝
壁虎的每个脚趾上都覆有微小的细绒毛

200万
每只壁虎四足上的细毛可达200万个

Eublepharis macularius
豹纹守宫

体长：20~25厘米
保护状况：未评估
分布范围：南亚及东南亚

繁殖
具有领地意识，交配期同多只雌性共同生活。

适应
和其他壁虎不同，豹纹守宫的四足适于爬行和挖掘。

豹纹守宫栖息于干旱的地区，如沙漠和植被稀少的平原，可以忍受高温和干燥的气候。头部细长，嘴鼻略尖。全身强壮，尾巴可以储存脂肪，以供猎物匮乏之时消耗。

身体呈黄色，且全身都分布着黑色的斑点，故名豹纹守宫。有些呈绿橙色或蓝色。和其他壁虎不同，它们的足上没有黏附性膜片。因为其四肢适用于在沙地或多石地区爬行和挖掘，而不是爬树。

它们是出色的昆虫捕猎者，白天睡觉，一般在黑暗潮湿的地区觅食，如洞穴和石头下方的扇形地区。

Ptychozoon kuhli
飞行壁虎

体长：16~18厘米
保护状况：无危
分布范围：东南亚、印度北部

褶皱
身体两侧、尾巴以及四肢边缘都有皮肤褶皱。

尾巴
尾巴长且扁平，边缘呈锯齿状。

膜
脚趾间有发育完全的膜。

飞行壁虎，夜间活动，树栖性，白天黏附隐藏在树干上，身体扁平有膜，看起来就像苔藓一样。身体呈棕色或灰色。

可以在树枝间滑翔。这些短距离飞行可以实现，得益于它们肋骨和四肢上的巨大皮肤褶皱。降落时，也可以增加空气阻力。四足宽大，脚趾间有发育完全的膜。尾巴扁平且有褶皱。栖息于植被繁茂的湿热地区。尾巴不能像其他壁虎那样轻松地截断。

降落伞
不计其数的皮肤褶皱可以缓冲在树之间的降落力度。

Lialis burtonis
澳蛇蜥

体长：40~60 厘米
保护状况：无危
分布范围：澳大利亚、新几内亚岛

澳蛇蜥的身体细长且覆有鳞片，因此经常会和蛇混淆。后肢呈鳍状，非常微小，几乎难以察觉。

体色多样，有黄色、黑色、灰红色、棕色或白色带条状纹，有的带有斑点，有的则光滑无斑。眼睑可以转动。舌头宽大多肉。

牙齿数目很多，捕猎时会咬住猎物胸部直至其窒息，然后从头部开始享用美味。无毒。

在沙漠地区或树林中生活，经常躲在石头、树干或树叶下方。卵生动物。

身体
身体细长，因此容易和蛇混淆。

皮肤有多种颜色，如黄色、棕色或白色条纹。

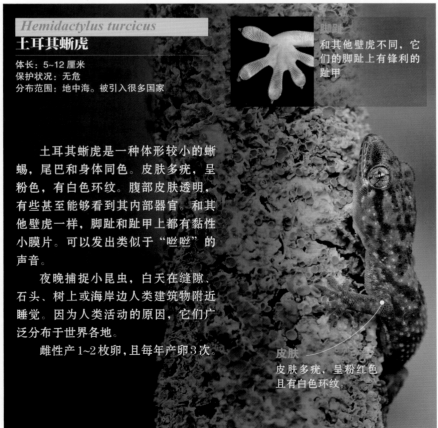

Hemidactylus turcicus
土耳其蜥虎

体长：5~12 厘米
保护状况：无危
分布范围：地中海。被引入很多国家

脚趾
和其他壁虎不同，它们的脚趾上有锋利的趾甲

土耳其蜥虎是一种体形较小的蜥蜴，尾巴和身体同色。皮肤多疣，呈粉色，有白色环纹。腹部皮肤透明，有些甚至能够看到其内部器官。和其他壁虎一样，脚趾和趾甲上都有黏性小膜片。可以发出类似于"咝咝"的声音。

夜晚捕捉小昆虫，白天在缝隙、石头、树上或海岸边人类建筑物附近睡觉。因为人类活动的原因，它们广泛分布于世界各地。

雌性产 1~2 枚卵，且每年产卵 3 次。

皮肤
皮肤多疣，呈粉红色且有白色环纹

Homonota fasciata
条纹不等虎

体长：4~10 厘米
保护状况：无危
分布范围：阿根廷、玻利维亚、巴拉圭

又名绿色小蜥蜴或"刽子手"。体形偏小，身体窄而强壮。可以在多种环境中生存，从海拔 2500 米的高度到亚热带的低地地区都有分布；在石头下方、洞穴、灌木丛、树林甚至市区活动。皮肤颜色多样，底色为灰黄色，从头部到尾巴有两道横向的棕色线条。覆有突出的三角形鳞片。腹部近似白色。

夜行性，可以发出咝咝声或啾啾声。雌性每年产 1~2 枚软壳的卵，接触空气后会逐渐变硬。3 个月后幼条纹不等虎出生。

对人类有益，可以帮助控制一种传播南美锥虫病的锥蝽（*Triatoma infestans*）的数量，没有毒性。以昆虫和蜘蛛为食。

美洲蜥蜴和泰加蜥

门:	脊索动物门
纲:	爬行纲
目:	有鳞目
科:	美洲蜥蜴科
种:	128

美洲蜥蜴栖息于热带雨林、大平原、山地、荒漠甚至沙滩地区。常常在南美洲北部到智利的广大地区活动。具有领地意识,白天活动,鳞片各式各样,舌头呈分叉状,可伸出拉长。眼睑可以转动,头部有规则的鳞片,有心房孔。

Tupinambis rufescens
红南美蜥

体长: 1 米
保护状况: 无危
分布范围: 南美洲,阿根廷中部往南

爬行
尽管四肢短小,爬行时仍会将身体抬得非常高。

差异
红色的身体使它和栖息范围相同的阿根廷黑白南美蜥有明显的区别。

红南美蜥的体形庞大,和同类的阿根廷黑白南美蜥相似。头部强壮,尾巴又长又粗。背部呈不同色调的红色,并且横向分布着许多不规则的暗色斑点。从耳朵到后肢有一条近乎白色的断断续续的背线。

体色非常杂乱。经常在干旱缺水的地区活动,以鸟类、小型哺乳动物、昆虫、两栖动物和果实为食。

求偶和交配期一般在 10~11 月之间。雌性在 2 月份产 25~35 枚卵,幼红南美蜥很快会破壳而出。4~9 月冬眠。

舌头
舌头细长扁平,舌尖分叉,和其他蜥蜴不同,它们的舌头很长,并能缩入舌头基部,通过舌头确定猎物位置。

Tupinambis merianae
阿根廷黑白南美蜥

体长: 1.3 米
保护状况: 无危
分布范围: 阿根廷、玻利维亚、巴西、巴拉圭、乌拉圭

阿根廷黑白南美蜥的体形庞大,尾巴长度超过体长。背部有椭圆形小鳞片,色彩浓烈,主要为黑色、橄榄绿色,带有斑点和白色横向小条纹。腹部颜色发黄,尾巴上有完整的黑色或白色环纹。春季来临时结束冬眠,并蜕去角质层以再生一层更亮的角质层。以鸟卵、小型脊椎动物和昆虫为食。夏季繁殖,雌性产 25~40 枚卵。一般在地面挖掘的洞穴中产卵。150~170 天后,幼阿根廷黑白南美蜥就能破壳而出。因其外壳坚硬,有时候需要母亲的帮助才能完成破壳。

栖息环境多样,从雨林、大平原、大草原到大荒原、湿地和海边沙地都有分布。

Dracaena paraguayensis
巴拉圭鳄蜥

体长：1.4 米
保护状况：未评估
分布范围：巴拉圭、玻利维亚、秘鲁、巴西

巴拉圭鳄蜥的头部大，呈铜棕色。身体其他部分呈绿色，腹部发黄。身上的鳞片又大又粗，尾巴侧向扁平，边缘有高的肉冠。主要在沼泽和雨林地区活动。食物包括蜗牛、蛤蜊和河蟹。咬碎猎物后，会将其外壳吐出。能将身体浸入水中捕食猎物。

Ameiva ameiva
臼齿蜥

体长：70 厘米
保护状况：未评估
分布范围：阿根廷东北部到中美洲。被引入美国和一些太平洋小岛

花纹
雄性背上有横向的深色带状条纹。

臼齿蜥的尾巴超过身体长度的一倍多。雌性体色为单一的褐色，带有各种样式的黑色斑点。雄性背部呈绿色，体侧和四肢为蓝色。在树林、山地、雨林中生活，经常出现在枯叶丛中。早晨和午间非常活跃。吃昆虫等节肢动物、蜗牛、蚯蚓、卵、青蛙和各种各样的植物。

繁殖期会因分布区的不同而发生变化。

Teius oculatus
眼斑赛跑蜥

体长：25 厘米
保护状况：未评估
分布范围：阿根廷中南部到巴拉圭、乌拉圭及巴西南部

眼斑赛跑蜥的体形中等，身体强壮，尾巴长度可达体长的两倍。背部和体侧呈绿色，并有黑色斑点。肋骨下面有蓝色斑点和两道白色的条纹。后肢有 4 个脚趾。

食物会因一年内猎物的变化而改变。以直翅目昆虫、甲虫、白蚁、蚂蚁及昆虫幼虫为食。雌性一般会在蚁穴中产卵，利用其温度和湿度孵化。在湿润或半湿润环境中生活，在树干、树枝或者石头下方挖洞栖身。

身体
身体上覆有精细的鳞片，并伴有缘饰和斑点。

Cnemidophorus sexlineatus
六带鞭尾蜥

体长：10 厘米
保护状况：无危
分布范围：美国中部及南部、墨西哥

六带鞭尾蜥的四肢和身体微小，尾巴很长，能够迅速爬行。身体上方呈深棕色，下方或腹部颜色更为鲜亮，呈天蓝色。有六道白色线纹穿过整个身体，故得名。这些纹路一直延伸到头顶。

栖居于草地和沙地地区，捕食昆虫。大部分为雌性，可以单性繁殖。以昆虫、蜘蛛和其他无脊椎动物为食。

Anadia ocellata
眼斑安拉蜥

体长：5.5 厘米
保护状况：未评估
分布范围：南美洲北部和中美洲地区

眼斑安拉蜥是一种小型蜥蜴，身体偏瘦，呈柱状。身体上方呈褐色并有明显的黑色斑点，腹部为白色。尾巴相对较长。眼睑可以转动，有耳孔。四肢短小但发育完全，有 5 个脚趾。

完全树栖性，一般在树冠区活动，躲藏在苔藓中，以各种昆虫为食。

鳞片
鳞片光滑扁平，呈正方形。

Neusticurus ecpleopus
泳尾蜥

体长：5~6 厘米
保护状况：无危
分布范围：哥伦比亚、厄瓜多尔、玻利维亚、巴西及秘鲁北部

泳尾蜥拥有耀眼的透明下眼睑，因这一特点，它们闭着眼睛就可以看到东西。全身都呈褐色，只是不同部位颜色强度有所变化。有突出的鳞片，是新热带地区特有的一种蜥蜴。

栖息环境多样，从沙漠、山地到热带雨林都有分布，但是更偏爱湿润地区，一般在雨林灌木丛的树叶中或其他环境的枯叶中活动。以游泳来躲避捕猎者的追踪。大部分为昼行性，在夜间一般不活动。利用树干或石头作为栖身之所。主要以昆虫幼虫、蟋蟀和蚂蚁为食，但是会因栖息环境的不同而发生变化。每年多次产卵，一般为 2 枚。

Pholidobolus macbrydei
厄瓜多尔蜥

体长：12 厘米
保护状况：未评估
分布范围：秘鲁、厄瓜多尔

厄瓜多尔蜥是其分布区内特有的蜥蜴，主要在雨林山地地区活动。有的为昼行性，有的为夜行性。眼睑可以转动，头部有大鳞片或者平滑的龙骨状盾甲，非常清晰。前后肢几乎等长。脚趾短小，尾巴长。整体呈褐色，有棕色、白色、黑色和蓝色的条纹。以昆虫为食。

Gymnophthalmus underwoodi
木裸眼蜥

体长：10~12 厘米
保护状况：无危
分布范围：南美洲的瓜达卢佩岛、圣马尔蒂纳斯岛、圣文森特岛、特立尼达和多巴哥、圭亚那、哥伦比亚、苏里南和委内瑞拉

木裸眼蜥的体形小，尾巴长度是体长的一倍半。体色非常清晰：整个背部为灰褐色，腹部为黑色。四肢短小，无内趾。腹部鳞片呈正方形或长方形盾甲状。无性别之分，单性繁殖。眼睑不可转动，鼓膜外露。

体色
一条贯穿全身的纹路将背部和腹部明显区分开来。

Kentropyx calcarata
棱尾林蜥

体长：10~12 厘米
保护状况：未评估
分布范围：巴西、玻利维亚、圭亚那、苏里南、委内瑞拉、法属圭亚那

棱尾林蜥的鳞片呈深棕色，体侧有浅褐色带状纹路。背上有黑色斑点，从头顶到尾巴基部有两道白色的条纹，面部呈鲜绿色。存在性别二态性：雄性头部比雌性更宽更长。

生活在雨林或雨林边缘地区，经常寻找阳光以控制身体的温度。活跃期在阳光下时体温为37.6摄氏度，在阴凉处体温会稍微下降，体温总是低于栖息地或周围环境的温度。

在阳光暴晒的沙地地区筑巢，雌性可产 4~10 枚卵。

体色
可以躲在灌木丛的枯叶中不被发现。

Teius teyou
美洲蜥蜴

体长：5 厘米
保护状况：未评估
分布范围：阿根廷北部、巴拉圭及玻利维亚部分地区

美洲蜥蜴的身体扁平，头部尖长。尾巴约是体长的两倍。背部呈绿色或栗色。从颈部到尾基部有白色条纹，上面有两块对称的黑色斑点。雄性腹部呈深蓝色，而雌性腹部的色调则较为浅淡。

美洲蜥蜴足有4趾，第5趾已经萎缩。

栖居于贫瘠的格兰查科平原，可以快速奔跑。有时可以利用后肢直立行走。和大部分南美洲泰加蜥一样，为卵生动物。10~12 月为繁殖期。幼美洲蜥蜴在1月份出生，2岁性成熟。每年只产1次卵，每次产卵5枚。

Cercosaura schreibersii
黑棱蜥

体长：12 厘米
保护状况：无危
分布范围：巴西、玻利维亚、巴拉圭、秘鲁、阿根廷

黑棱蜥身体瘦长，易逃窜。尾巴长，四肢短小，分布于南美洲大部分地区。整体呈栗色，背部从颚骨到尾巴有两条白色的条纹。这些条纹的下方，即腹部边缘有断续的白色纹路。

腹部近似白色，有些黑棱蜥的腹部有斑点。可以适应多种环境，如山地、树林、草地、旱地、植被稀少的地区，甚至农舍的花园。经常躲藏在石头或枯叶中。雌性经常在 11~12 月产 2 枚大约 1 厘米长的白色卵。

Bachia flavescens
巴克蜥

体长：12 厘米
保护状况：无危
分布范围：南美洲中西部

巴克蜥的体形特别小，身体和尾巴连成一个整体。四肢极小，尤其是后肢。体色基本为深棕色，身体上的鳞片颜色稍微有些变化。生活在安第斯山地区，可延伸到亚马孙雨林。巴克蜥继承了南美洲蜥蜴的特点，经常出现在枯叶中，且多为昼行性。

真正的蜥蜴

门: 脊索动物门	
纲: 爬行纲	
目: 有鳞目	
科: 蜥蜴科	
种: 305	

300多种蜥蜴分布于非洲、亚洲和欧洲。有的鳞片呈颗粒状，有的平滑，有的呈龙骨状，有的很大，有的很小，有的甚至难以察觉。有下颌骨、外耳和可转动的眼睑。通常以昆虫为食，但铲吻蜥例外，这是一种生活在非洲的蜥蜴，一般以种子为食。基本为卵生动物，个别为单性繁殖或胎生动物。

Lacerta viridis
绿蜥蜴

体长：10~15厘米
保护状况：无危
分布范围：欧洲中东部

繁殖
雄性在发情期激素变化会引起肤色的变化。

爬行
一般在地面活动，但是冬季会爬到树枝上晒太阳。

绿蜥蜴是蜥蜴科中体形最大的一种，也是欧洲最为光彩夺目的蜥蜴。身体为鲜艳的绿松石色，腹部呈黄色。幼绿蜥蜴以棕色为保护色，可以躲藏在枯叶中，避免潜在敌人的侵害。存在性别二态性：雄性背部有黑色斑点，与雌性相比，头部更大，身体也更加强壮。

栖居于阳光充足的大草原。白天活动，喜定居。早晨最为活跃，捕食昆虫、蜘蛛、蚯蚓和蝴蝶；也会吃成熟红色水果的汁液。极少数情况下会吃小蜥蜴和老鼠。交配时，下颌和喉部会变成钴蓝色，雄性的颜色更为浓烈。雄性在巢穴内与多只雌性交配。3~6周后每只雌性会挖一个洞，并产下20枚卵。根据气候情况，2~3个月后幼绿蜥蜴出生。

Latastia johnstonii
约翰斯顿蜥蜴

体长：15.7厘米
保护状况：未评估
分布范围：非洲中东部

约翰斯顿蜥蜴的尾巴长度超过体长。头部又小又长，覆有颗粒状鳞片。面部扁塌。眼睛上部有鳞片，作为保护眼睛的小型盾甲。皮肤主要为黑色，身上有纵向的淡橙色条纹；这些条纹在腰部骨盆处汇集，使尾巴和后肢呈现为浓烈的橙色。在大平原、岩层或干涸的河床上生活，可以在不同高度活动，海拔300~1000米处都有分布。具有领地意识，昼行性。比较活跃，行动敏捷。主要以昆虫和小型节肢动物为食。与其近亲一样，可借助自截现象进行自卫。遇到捕猎者攻击的危险情况，可以自行截断尾巴。8~11月为繁殖期，每窝最多可孵化15只幼蜥。其性别由周围温度决定。孵化温度较低的为雌性，反之则为雄性。性别二态性表现在肛前的鳞片上，雄性的肛前鳞片形成了一个长且规则的盾甲，而雌性的盾甲较短，形状也不规则。

Iberolacerta monticola
山地蜥蜴

体长：5~5.6 厘米
保护状况：易危
分布范围：西班牙坎塔布里亚山地

头部
头部大且扁平，鳞片
光滑，并比身体其他
部分的鳞片大

自然栖息地
栖居于高山多岩石的地
方，但是有时也会爬到河
流附近。

山地蜥蜴表现出明显的性别二态性：雌性背部为棕色，腹部呈绿色，而雄性为鲜绿色，并有黑色的网纹。成年雄性腹部两侧各有一个蓝色的眼孔斑。

整个秋季和冬季进行冬眠。初春时，雄性为了争夺可以交配的异性会表现出极强的攻击性。不同地区的山地蜥蜴交配期也不同，生活在高山地区或者气候寒冷地区的蜥蜴交配期会更晚。每年产 1~2 次卵，每次有 4~9 枚。以昆虫和捕捉到的其他节肢动物为食。

不同的鳞片
背部鳞片比身体两侧的
鳞片大，并且平整光
滑，有轻微的突出，或
稍显龙骨状

Podarcis hispanicus
伊比利亚蜥蜴

体长：4.1~6.5 厘米
保护状况：无危
分布范围：伊比利亚半岛

伊比利亚蜥蜴的腹部皮肤为黄色，背部呈绿色并且侧面有条纹，雌性的条状纹路更加明显。雌性体形更小，身材苗条。雄性头部呈三角形，并且覆有明显的鳞片。体色可以从红色变成绿色，有些年轻的伊比利亚蜥蜴甚至可以变成蓝色。交配时，雄性腹部两侧会出现蓝色的眼孔纹。以在地面或树枝上捕到的小昆虫或蛛形纲动物为食。

Heliobolus lugubris
非洲丛蜥

体长：18 厘米
保护状况：未评估
分布范围：南非

成年非洲丛蜥背部皮肤为灰棕色或红褐色。背上有横向的暗色带状条纹和三条平行的亮色线纹，其中一条一直延伸到尾部。幼非洲丛蜥为黑色，并且有一排白色或黄色的斑点，这些斑点之后会形成线纹；尾巴颜色和沙子相似。鲜艳夺目的体色使它们难以躲藏，经常会被捕猎者发现。它们的求生策略是使用警戒色，将自己伪装成一种甲虫，二者体色相似，可作为警戒色。除了和甲虫颜色相似之外，非洲丛蜥还会弓起腰快速爬行以模仿甲虫保护自己。以昆虫为食，尤其是白蚁。雌性在沙子中挖洞，可产 4~6 枚卵，幼蜥蜴在 12 月到次年 5 月间破壳而出。

Eremias fasciata
纵斑麻蜥

体长：6.3~11 厘米
保护状况：未评估
分布范围：伊朗、阿富汗、巴基斯坦

纵斑麻蜥的背部有特色鲜明的纹路，从头部到尾巴有互相交错的米色和深棕色纵向条纹。腹部色彩更为鲜明。四肢有网纹，颜色和背部相同。身体上覆有鳞片，雄性嘴巴与眼睛间的鳞片更为明显。后肢发达，脚趾上有名为"毛边"的延伸，利于其在沙子中爬行，因为这加大了脚与沙子的接触面积。昼行性，白天晒太阳以获取能量并进行捕食和繁殖活动。经过一段长时间的冬眠之后，在春季进行交配。遇到危险时会躲到沙洞里。吃各种昆虫、蛛形纲动物和蚯蚓。

Eremias argus

丽斑麻蜥

体长：10~14 厘米
保护状况：未评估
分布范围：亚洲中东部

　　丽斑麻蜥的身体呈灰色或橄榄绿色。背部的鳞片形成了一些不规则的白色斑点，并且有红色、绿色及棕色的月牙边饰，从而构成了一些从颈部到尾巴的横向带状条纹。腹部近似白色。有颗粒状鳞片，前额有盾甲，其中一个盾甲很大，位于两眼之间。

　　背部鳞片呈圆形，中间穿插着一些小颗粒。肉食性，吃蛛形纲动物幼虫和成虫、蜗牛和小昆虫。利用啮齿目动物的巢穴度过最寒冷的时期。冬眠过后，进行交配。雌性一般可产 3~12 枚卵，孵化期为 2 个月。

Algyroides fitzingeri

侏儒蜥蜴

体长：2~4 厘米
保护状况：无危
分布范围：科西嘉岛、撒丁岛

　　侏儒蜥蜴是科西嘉岛、撒丁岛及周边一些地中海小岛特有的一种蜥蜴。

　　身体强壮，头部偏小，吻部稍微突出。后肢脚趾长，尾巴粗厚，尾长是身体的两倍。体色单一，呈深灰色或黑色，腹部除外。腹部呈橙色，并向着尾部逐渐变成白色；喉部为蓝色。

　　鳞片不规则，呈屋脊状，并有嵴棱，使其外表显得非常粗糙。白天活动。喜欢地面干燥且植被稀少的半阴凉临水地区。

　　分布在海拔 0~1800 多米的地方。

自卫
遇到任何危险时，微小的体形可使它们偷偷溜到石头下方或茂密的灌木丛中。

脚趾
后足脚趾比前足脚趾长。

Adolfus jacksoni

森林蜥蜴

体长：7~8.5 厘米
保护状况：未评估
分布范围：非洲中部和东部

　　森林蜥蜴白天活动。主要以昆虫和其他一些小型节肢动物为食。在森林周边生活，居住在用树干或地面枯叶构成的小栖息地中。

　　经常停留在较高的平面上晒太阳。9~12 月为繁殖期，每只雌性可产 8~10 枚卵，经过 3 周的孵化，这些幼蜥便会出生。脚趾长且精细，便于其攀附在岩石上。

热量
下午时，森林蜥蜴会爬到石面上来吸取石头释放出的热量。

Darevskia caucasica

高加索蜥蜴

体长：5.2 厘米
保护状况：无危
分布范围：高加索山脉中部及南部

　　高加索蜥蜴的身体和尾巴长，但是头部扁平，因此整体显得宽大。背部主要为灰色或棕色。从头部到尾基部有一条贯穿整个背部的深色带状条纹，并且边缘饰有两列黑色斑点。腹部呈浅绿色，腹甲两侧有深色斑点。身体上的鳞片大部分都非常平滑，有小颗粒。喉部的鳞片比背部的更小、更软。其天然栖息地为非洲中东部的河岸岩石层区域。每只雌性可产 6 枚卵。这一种类在同属中相对较新，包括小亚细亚和高加索地区的一些蜥蜴。它们有个共同点，即可以无性繁殖。

石龙子

门：	脊索动物门
纲：	爬行纲
目：	有鳞目
科：	石龙子科
种：	1478

遍布全球的石龙子科动物形态各异：体长 12~35 厘米不等；有些四肢强壮，有些则四肢短小甚至缺失；栖息地可为地面、洞穴、树木或者水域。身体偏长，头部覆有大块鳞片，腭上有两个骨质盾甲。大部分为昼行性，以昆虫为食，经常趴在温热的石头上享受日光浴。大多为卵生动物，也有卵胎生动物。

Tiliqua scincoides
蓝舌蜥

体长：10 厘米
保护状况：未评估
分布范围：澳大利亚北部及东南部、塔斯马尼亚岛

自截尾巴
这一消极的自我保护方法能够转移捕猎者的注意力，从而趁机逃跑。

其名字就揭示了蓝舌蜥最重要的特征，即长且粗壮的钻蓝色舌头，这是爬行动物中的一个特例。它们身体强壮，呈柱形，并覆有一层层的鳞片，使得表面看起来非常柔软。和同属的其他蜥蜴不同，它们的颞骨鳞片较大。

成年蓝舌蜥身体呈灰色，头部基本为棕色，背部有颜色更深的斑点或条纹。为了躲避捕猎者，幼年蓝舌蜥有不同的保护色，这些各种各样的色彩可以一直持续到性成熟。

杂食动物，吃昆虫、蜘蛛和蜗牛。尽管它们的牙齿可用于咀嚼，但并不是很灵活，因此它们经常吃一些比自己行动更慢的动物，如蜗牛和一些小昆虫。为了完善饮食，有时还会吃一些腐肉和各种植物，比如花、浆果和水果。

栖息环境多样，既可以生活在多石或者半荒漠地区，也可以在湿润的热带丛林中活动。它们胆小多疑，攻击性不强。四肢短小，不方便挖洞，因此，经常躲在其他动物挖好的洞穴、中空的树干、石缝或枯叶中。昼行性。卵胎生动物，每只雌性可产 10~15 只幼蜥。

为了恐吓攻击者，它们会鼓起身体，发出叫声并伸出自己炫目的蓝色舌头作为伪装的危险警告。

体色
皮肤上有各种不同的色素，使得体色可以发生变化。

Eumeces algeriensis
阿尔及利亚石龙子

体长：30~43 厘米
保护状况：无危
分布范围：阿尔及利亚、摩洛哥、西班牙

横向带饰
从头部到尾巴有橙色、黑色和白色的带状纹路。

石龙子属中体形最大的动物。四肢相对较短，但肌肉发达，使其可以挖洞并在地下爬行。皮肤基本为褐色或橄榄色，有许多横向的带状纹路。雄性体形比雌性大。栖息环境多样，包括干旱的草原、开阔的树林、沿海地区和耕地。是摩洛哥最常见的一种石龙子。昼行性，春季交配繁殖时最为活跃。最冷的月份到来时会进行冬眠。

Scincus scincus
砂鱼蜥

体长：15 厘米
保护状况：未评估
分布范围：非洲西北海岸

功能面部
吻部呈楔形，靠近颌骨，便于潜入沙中并在其中"游泳"。

其名源自其可以在沙子中敏捷地爬行，就像在水中游泳的鱼一样。各种形态特点使它们拥有这种特别的能力：身体呈流线型，耳孔小，同时皮肤光亮，因此摩擦力小。四肢发达，脚趾上有毛边。四肢一次又一次朝前朝后转动，在沙子中前进。偏爱有植被的松软沙子，经常在沙丘附近活动。尽管耳朵小，但是听觉发达。可以在地下探听到一些无脊椎动物的动静，然后将其捕获吞食。有几个亚种，体色有所不同。

鲜艳的鳞片
皮肤平滑光亮，一般呈黄色或棕色，背部有灰色条纹。

Mabuya frenata
南蜥

体长：2.5~8.5 厘米
保护状况：未评估
分布范围：南美洲中部和东部

南蜥的身体细长，呈柱形，头部尖长。额顶骨只有一块鳞片。四肢发达，尾巴长且结实，呈圆锥状。背部呈红色和棕色，身体两侧有暗色条纹，从面部一直延伸到尾巴基部。条纹边缘颜色明亮，和奶油色腹部相融合。

白天活动，相对喜欢定居，利用树洞、缝隙和石洞作为栖身之地。利用阳光和阴凉来调节自身体温。饮食多样，主要以节肢动物为食，少数情况下会捕食小型脊椎动物。卵胎生，雌性每个繁殖期平均产 4 个幼蜥。幼蜥在雨季出生，体长约为 2.5 厘米。

Chalcides mauritanicus
柱形石龙子

体长：8 厘米
保护状况：濒危
分布范围：阿尔及利亚、摩洛哥、西班牙

柱形石龙子的外表和蠕虫相似，身体上覆有光滑柔软的鳞片。一般为棕色或灰色，全身有深色的条纹。皮肤会随着成长而发生变化：年轻石龙子体侧为黑色，尾巴呈红色，背部的带状条纹与成年石龙子相比，更加明显。四肢短小，因此有一个俗名——二趾石龙子。又名奥兰石龙子，擅于在沙地中挖洞。

经常栖息于海岸地区，或者一些树木之上，如蓝桉树、金合欢树、松树。分布区非常有限：非洲北部 5000 多平方米的带状区域。也会出现在梅利利亚西班牙和一个名叫拉伊比卡的地区。乱砍滥伐和旅游开发侵占了海岸，减少了它们的栖息地，使它们面临着灭绝的危险。

Acontias lineatus
四线箭蜥

体长：10 厘米
保护状况：无危
分布范围：纳米比亚、南非

四线箭蜥体形小，但是有四肢。身体呈黄沙色或焦糖色。背部有深棕色条纹，从头部一直延伸到尾巴。腹部为奶油色或白色。生活在多沙土的干旱地区，一般在地下爬行。以昆虫或蠕虫为食。经常出现在非洲名为大纳马夸兰的干旱地区。

Cordylus cataphractus
犰狳蜥

体长：7.5~9 厘米
保护状况：易危
分布范围：南非西海岸

从头部到尾巴沿着背线分布着由刺状鳞片构成的沉重且难以接近的铠甲，故名犰狳蜥。

头部宽大，呈三角形。身体扁平魁梧，呈黄棕色，喉部为黄色且有黑色斑点。

用颌骨咬住尾巴将身体卷成球状，以此作为自卫的策略。用这样的方式保护身体上柔软脆弱的部分，把难以接近的外表展现在捕猎者的面前。

自卫
为了躲避捕猎者的进攻，会将自己的身体卷成一个球状。

Cordylus giganteus
巨型环尾蜥

体长：15~18 厘米
保护状况：易危
分布范围：南非中东部

巨型环尾蜥是同属中体形最大的蜥蜴。身体上覆有粗大的鳞片，在颈部围成了一个多刺的项圈。尾巴上也有刺状鳞片。一般以小群体聚居。在地面挖坑筑巢。背部呈黄色或深棕色。头部两侧、体侧和腹部呈淡黄色。昼行性，冬季不活动。用强有力的摆尾自卫。

Carlia tetradactyla
南部彩虹石龙子

体长：6.5 厘米
保护状况：无危
分布范围：澳大利亚东南部

体色多变，故名彩虹石龙子。四肢短小，有 4 趾。下眼睑覆有透明的鳞片，因此闭着眼睛也可以看到东西。另外，这一特点也可以减少水分蒸发。卵生，雌性每次产 2~4 枚卵。经常躲在石缝或枯叶中，生性腼腆多疑。

Egernia rugosa
雅加石龙子

体长：40 厘米
保护状况：无危
分布范围：澳大利亚昆士兰州东北部

和其他石龙子不同，雅加石龙子头部的鳞片呈碎片状。皮肤有豹纹，并呈不同色调的棕色。背部有一条深色条纹贯穿整个身体：从头部到尾巴，边缘饰有淡色带状花纹。

经常在黄昏时活动，在一天中最冷的时候最为活跃，如下午和夜晚。令人惊奇的是它们会在巢穴附近排便，形成一些粪便堆，以此来表明自己的存在。

杂食动物，吃植物、水果和各种无脊椎动物，如蟋蟀、蚂蚁、蜘蛛、甲虫等一些靠近其居所的小生物。

胎生动物，雌性每次大约分娩 6 只幼石龙子。它们的天敌一般为狐狸。

双足蜥

门：	脊索动物门
纲：	爬行纲
目：	有鳞目
科：	双足蜥科
种：	22

双足蜥科包含两个属，双足蜥属有21个种，另一个属仅有1种。其最主要的特点是雌性无足，雄性保留着后足的一些痕迹。身体细长，和蛇类似，鳞片呈方块状，平滑光亮。颅骨合并或者紧密相连。身体上的鳞片遮住了它们细小的眼睛，故也名盲蜥。

Dibamus tiomanensis
刁曼双足蜥

体长：9.25 厘米
保护状况：未评估
分布范围：马来西亚群岛西部

和同属的其他种类不同，刁曼双足蜥的鳞片呈圆滚线状，骨缝为不完整的鸟喙状。成年刁曼双足蜥体色为棕色，面部与下巴颜色稍亮。尖尖的面部均匀分布着大量的感觉乳突。无耳孔，眼睛隐于视觉鳞片之后，几乎难以察觉。雄性有两个半阴茎，分别位于泄殖腔两侧。

一般在地下坑道中活动。受到威胁时，会竖起鳞片，使其和身体保持垂直，将表皮层变成多皱的松果状。

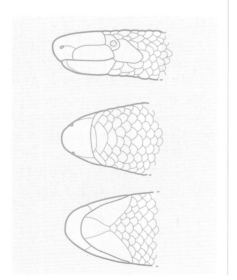

Dibamus ingeri
英格丽双足蜥

体长：14.2 厘米
保护状况：未评估
分布范围：马来西亚群岛东部

英格丽双足蜥的吻部非常圆滑，颌骨明显突出，鼻孔位于侧面。头部短且宽；面部均匀分布着许多感觉乳突，鼻子和嘴唇骨缝完整，从眼睛延伸到鼻孔。无耳孔，眼睛几乎难以察觉。牙齿小而锋利；舌头短且尖，前端无分叉。眼后的两条带状条纹使其有别于同属的其他种类。野生英格丽双足蜥的体色不详。

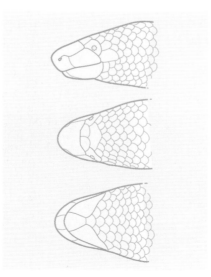

Anelytropsis papillosus
墨西哥双足蜥

体长：17 厘米
保护状况：无危
分布范围：墨西哥东部

墨西哥双足蜥是源自美洲的唯一一种双足蜥，也是墨西哥东部湿润丛林和植被繁茂的半干旱地区特有的一种双足蜥。因其有限的分布区和独有的特性，在学术界被定义为稀有物种。身体呈柱形，鳞片分布均匀，且边缘圆滑。尾长占体长的1/4，尾端较钝。体色为焦糖色或肉色。面部尖细，鼻孔小，是对其地下坑道生活习性的进化适应。

Dibamus nicobaricum
尼科巴双足蜥

体长：12.7~20.3 厘米
保护状况：未评估
分布范围：印度

尼科巴双足蜥是印度尼科巴群岛特有的一种双足蜥。吻部呈钝的圆锥形，面部有独特的花纹，4 个加长的盾甲横穿面部：前额盾甲、顶骨间盾甲和位于头部两侧的两块视觉盾甲。眼睛藏于盾甲之后，几乎难以察觉。下嘴唇突出。尾巴短且钝。身体呈棕紫色。

蛇蜥

门：	脊索动物门
纲：	爬行纲
目：	有鳞目
科：	蛇蜥科
种：	117

这个群体包含许多体形巨大的蜥蜴，包括以下3个科：蛇蜥科、巨蜥科和毒蜥科。其中比较有代表性的有水晶蛭蜥、鳄蜥、希拉毒蜥、珠毒蜥和巨蜥。它们皮肤下有骨质盾甲，因此显得比较僵硬。体侧有柔软的鳞片沟，便于拉长身体容纳猎物和卵。

Ophisaurus attenuatus

三线脆蛇蜥

体长：0.56~1.06 米
保护状况：无危
分布范围：美国东部

面部特点
吻部突出，眼睑可转动，有外耳孔。

乍一看，跟蛇非常相像，但是其面部特点和僵硬的鳞片表明它是一种无足蜥蜴。身体呈铜棕色、丹宁色或淡黄色，有6条深棕色或黑色的带状条纹。腹部为白色或黄色。尾巴平均比身体和头部长2~4倍。肉食动物，以无脊椎动物和附近的脊椎动物为食。受到威胁时，缠绕自己的身体直到将尾巴截成几小段以迷惑敌人，从而乘机逃跑。之后，尾巴会再生，但是长度不及之前。冬季会躲在巢穴中冬眠。冬眠之后半年进行一次交配。雌性大约产12枚卵，且体温上升3~4摄氏度。这一变化利于卵的孵化，

50~60天后，幼蛇蜥出生。幼蛇蜥会很快成熟。性别差异几乎难以察觉：雄性身体更长，头部稍宽。各个亚种间的区别更加明显：长三线脆蛇蜥身体比三线脆蛇蜥更长，并且尾长占体长的比例更大。

6道深色条纹
全身有6道纵向的深色条纹，这是三线脆蛇蜥的显著特点

Ophisaurus apodus

棕脆蛇蜥

体长：1.35 米
保护状况：未评估
分布范围：欧洲南部及亚洲西南部

棕脆蛇蜥的名字源于它们被捕猎者抓住时可以自行截断尾巴。失去的尾巴可以自动再生，这一现象名为自截，在蜥蜴中非常常见。

身体呈棕色，头部和腹部颜色稍亮。身体两侧有独特的皮肤褶皱，饮食和呼吸时会伸展开来。泄殖腔附近有两肢的痕迹，最长只有 2 毫米。

栖息于开阔或多树的低草地区。以节肢动物、小型哺乳动物和卵为食。因其体形大，脾气温和，经常出现在宠物贸易中。据记载，圈养起来的棕脆蛇蜥寿命可达 50 年。

与蛇不同
棕脆蛇蜥的耳朵、眼睑和腹部鳞片的样子与蛇不同。

最大
无足蜥蜴中体形最大的蜥蜴，体长可达 1 米多。

Anniella pulchra

北蠕蜥

体长：11.1~17.8 厘米
保护状况：无危
分布范围：墨西哥、美国

体形小，无足，样子与蛇相似，但是和所有的蜥蜴一样，与蛇的主要不同在于它们可转动的眼睑。面部呈铲状，尾巴为柱形。背部呈银色、棕色或黑色，而腹部为白色或黄色，身上有细条纹。也有一些北蠕蜥例外，全身呈黑色。海拔 0~1500 米的地方都可以发现它们的踪迹。经常在海滩沙丘、灌木丛、枯叶堆或市区花园中活动。有时也会出现在石头或木头下方。可以忍受低温，因此，可以在最冷的时候活动。以昆虫幼虫、蜘蛛和白蚁为食。其天敌为蛇、鼬和某些鸟类，如赤胸田鹆和美洲伯劳。在市区也有可能受到家猫的攻击。

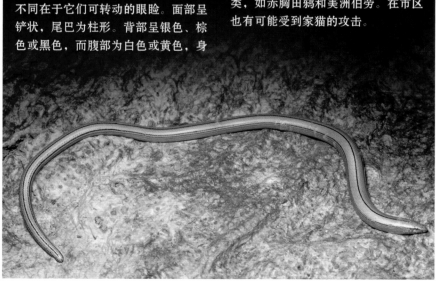

Gerrhonotus infernalis

侧褶蜥

体长：50 厘米
保护状况：无危
分布范围：墨西哥、美国

侧褶蜥又名得克萨斯蛇蜥或凯门蜥。头部扁平，身体呈褐色，有 7~9 条黑白相间的横向条纹。腹部有褐色、灰色及白色的方形斑点。

栖居于松树林、灌木丛以及靠近小溪或泉水的多石、多树木地区。以昆虫、蜘蛛和其他小蜥蜴、鸟类以及老鼠为食。

繁殖期从秋季开始，在春季产卵。一般在树干或石头下方产 30 枚卵。从发育到孵化，雌性一直盘绕在卵的附近，50 天后，幼蜥出生，其性别取决于温度。有时侧褶蜥会胎生。因为人类误以为其有毒性，故一些侧褶蜥经常会被捕杀。

Varanus niloticus
尼罗河巨蜥

体长：2.1 米
保护状况：未评估
分布范围：非洲中南部

强有力的颌骨
牙齿钝且强壮，使得尼罗河巨蜥可以牢牢地咬住猎物。

尼罗河巨蜥为非洲最大的蜥蜴。皮肤呈褐色或绿色，有许多黄色的小斑点和一些更大的横向带状条纹。腹部呈黄色，有黑色斑点。有尖利的爪子和强壮的颌骨。鼻孔与吻部较远但靠近眼睛。

它们是一种喜独居的爬行动物，但可以容忍同伴在附近活动。繁殖期时，雄性会变得更具攻击性。在河流或其他水体附近生活，擅长游泳和潜水。捕食各种猎物，如软体动物、鱼、两栖动物和鸟，也会摄取鳄鱼卵和腐肉。

它们是蟒蛇和成年鳄鱼的猎物。经常在树枝上晒太阳休息，遇到威胁时，会躲进水中。

雌性可产 35~60 枚卵，一般在沙土或用爪子破坏的白蚁巢穴中产卵。有时候，白蚁可能会跟随尼罗河巨蜥的活动，然后封住巢穴的缝隙。在这种情况下，幼巨蜥出生后雌性必须返回蚁穴，将被封住的幼巨蜥释放出来。孵育期可达 10 个月。尼罗河巨蜥在 3 岁时性成熟。

Varanus albigularis
白喉巨蜥

体长：2 米
保护状况：未评估
分布范围：非洲

饮食
食物包括蚱蜢、蜗牛、蛇、鸟和卵。

陆栖性蜥蜴，利用树木进行捕猎和躲避敌人。当其受到威胁时，会膨胀喉咙和身体，用力摆尾并试图撕咬对手。

栖息于大草地、灌木丛或者树林中。白天非常活跃，但是在炎热地区，它们会避开中午最炎热的时段。冬季活动较少，晚上躲在地面洞穴中。繁殖期时，雌性会爬到树上与雄性交配。可产 50 枚卵。

Xenosaurus platyceps
平头异蜥

体长：20 厘米
保护状况：濒危
分布范围：墨西哥

平头异蜥是一种仅生活在墨西哥的罕见的蜥蜴。身体扁平多皱，外表覆有圆锥形的小疣结。身体上有许多横向的深色条纹。眼睛的颜色可以变成绿色、黄色和红色。在石缝中生活，在此躲避捕猎者。

白天一般不会离开巢穴，即便离开也不会距巢穴太远。从海拔 450 米到 2800 米之间都可以发现它们的踪迹。一般在热带丛林、松树林、多刺灌木丛或矮榉丛中活动。吃蚂蚁、蟋蟀、蜘蛛，有时也会捕食一些小型脊椎动物。因为环境破坏和被当作宠物贩卖，它们正面临着灭绝的危险。

Varanus komodoensis

科莫多巨蜥

体长：2~3 米
保护状况：易危
分布范围：印度尼西亚

视觉发达

尽管利用嗅觉捕食猎物，但是它们的视觉非常发达，可看到远达 300 米的距离。

栖息于灌木丛、开阔的树林与干涸的河床中。幼科莫多巨蜥大部分时间在树上活动，皮肤上有亮色的带纹，这些纹路在成年后便会消失。尽管它们多独居，但是遇到已死的动物时，几只科莫多巨蜥便会聚在一起分食。

交配繁殖

雄性以尾巴为支撑直立，在交配期作为自己的竞争武器。雌性一次可产 25 枚卵，大约 9 个月后，幼蜥出生。

危险和保护

尽管科莫多巨蜥目前数量可观（2500~5000 只），但是适宜它们居住的栖息地非常有限。其数量与 50 年前相比，大为减少。人类的狩猎、猎物的减少和栖息地的缺失是它们面临的主要威胁。现在被保护于科莫多国家公园中，其旅游吸引力促进了相关保护措施的发展。

孵化室

雌性挖洞产卵并孵化。无哺育幼蜥的习惯。

庞大且贪吃

科莫多巨蜥是体形最大的蜥蜴，也是现存蜥蜴中最大的捕猎者。体长且强壮，既吃活着的动物，也吃腐肉。能在几千米之外发现猎物，能分泌致命的唾液，仅仅一口就可以使猎物死于非命。

70 千克
科莫多巨蜥的平均体重。圈养的科莫多巨蜥体重可翻一倍。

主要猎物
幼科莫多巨蜥基本以蛇、蜥蜴、啮齿目动物为食。成年科莫多巨蜥会攻击、捕食体形更大的猎物，如野猪、水牛和鹿。

80%
消化的食物可占总体重的 80%。

锋利的爪子
幼科莫多巨蜥利用锋利的爪子攀爬，成年后爪子则作为捕捉猎物的武器

可伸缩的胃
和大部分爬行动物一样，科莫多巨蜥的胃可膨胀。这一进化适应使它们可以消化大型猎物

长时间的狩猎
探测、捕猎和进食的过程很漫长。从撕咬到猎物倒地需要花费几个小时。之后的进食非常迅速

① 寻觅
科莫多巨蜥利用其分叉的舌头来探寻猎物。追踪猎物时，速度可达 18 千米/时。

② 撕咬
在气味的引导下，科莫多巨蜥追捕和撕咬猎物。猎物被咬后不会立即死亡，它们先是逃跑，然后才倒地而亡。科莫多巨蜥于是开始追踪进食。

坚硬的皮肤
皮肤覆有鳞片，且多皱。一般会呈黑色、棕色或灰色。

撕裂和吞咽
科莫多巨蜥不会咀嚼，它们用锋利的牙齿撕咬猎物的肉，然后将其送到嘴里进行吞咽。

毒性唾液
唾液中的细菌对猎物来说是致命的。科莫多巨蜥的血液中具有抗菌物质，使其可以免受自身唾液的危害。

二分叉的舌头
舌头除了具有味觉之外，还有触觉和嗅觉。可以感知悬浮在空气中的分子，因此，可以发现几千米之外的腐肉。

多杀巴斯德杆菌
这是科莫多巨蜥口中最具毒性的细菌。咬过猎物之后，唾液会感染猎物的伤口，从而造成致命的后果。

3 进食
颌骨和颅骨间的关节可以伸缩，便于它们快速进食。既可以消化肉块，也可以消化猎物的皮肤和骨头。

4 争斗
其他科莫多巨蜥嗅到食物后会靠近。体形最大的科莫多巨蜥会得到最好的部分。幼科莫多巨蜥则待在远处，因为这些成年科莫多巨蜥有可能会吃同类。

Heloderma horridum
珠毒蜥

体长：75~90 厘米
保护状况：无危
分布范围：墨西哥到中美洲南部

珠毒蜥和希拉毒蜥是仅存的两种具有毒腺的蜥蜴，其毒性甚至会影响到人类。颌骨上分布着与毒腺连接的凹槽状牙齿。撕咬时，它们会将毒液注入伤口。身体呈柱形，四肢短小，尾巴长且粗厚。头部宽且扁平。整体呈棕色或黑色，尾巴和脖子上有一些黄色斑点。

成年珠毒蜥身上的带状条纹更加粗大，斑点也更为明显。一般栖居于植被稀少且多石的干旱地区。有时也会在开阔的丛林区活动。

白天一般躲藏在自己挖好的或现成的洞穴中。夜间活动频繁，甚至会变得好斗。以昆虫、两栖动物、其他蜥蜴、小型哺乳动物和卵为食。尾巴可以作为养分储藏器官，当食物富余时，尾巴会膨胀。在宠物市场上非常受欢迎。在天然环境中，人类经常会出于对其毒性的恐惧而捕杀它们。除此以外，它们还面临着栖息地破坏的危险。

这是一种非常有效的探测器。和蛇一样可以用来感知气味。

Anguis fragilis
蛇蜥

体长：30~50 厘米
保护状况：未评估
分布范围：欧洲和亚洲西部

蛇蜥具有遇险时自行截断尾巴的能力。与身体分离后，尾巴仍会摆动一段时间，从而转移捕食者的注意力。几周后，尾巴便会完全再生。

身体细长，无足。因此很容易和蛇混淆。背部呈银色或铜色，腹部颜色则更为暗淡。雌性身体一般比雄性长。

一般栖居于开阔、湿润、阴凉的地方，常在多草的地面上活动，在树干、石头下方休憩。有时也会出现在市区花园中。黄昏和晚间比较活跃。冬季会与其他伙伴聚在一起。以昆虫幼虫、蛞蝓、蜗牛和土壤中的蚯蚓为食。

眼睑
尽管外表和蛇非常相似，但是蛇蜥的眼睑可以转动。

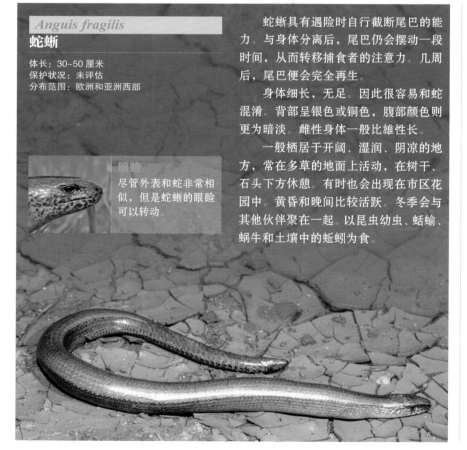

Lanthanotus borneensis
婆罗无耳蜥

体长：20 厘米
保护状况：未评估
分布范围：东南亚（婆罗洲）

婆罗无耳蜥是蛇蜥科中一个非常独特的代表，首次发现于婆罗洲的沙捞越，也是该地区独有的一种蜥蜴。外表同巨蜥相似，但无喉部褶皱和鼓膜。

夜间活动，半水栖性，因此，很难发现它们的踪迹。此外，它们也会经常躲在自己挖好的地下通道中，因此人们对它们的习惯和生态特点了解较少。

以土壤中的蚯蚓和其他无脊椎动物为食。在理解同巨蜥、珠毒蜥、希拉巨蜥之间的进化关系中，婆罗无耳蜥发挥着重要的作用，大约 9000 万年前，它们拥有同一个祖先。

和这些动物一样，它们的行动迟缓、笨重。皮肤和蟾蜍一样呈颗粒状。四肢极短，牙齿多而小，无耳，但具有听觉。

Heloderma suspectum
希拉毒蜥

体长：53~56 厘米
保护状况：近危
分布范围：墨西哥、美国

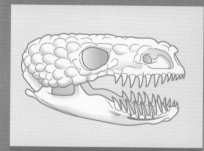

具有毒性的撕咬
咬过猎物后会将毒液通过伤口注入猎物体内。颌骨牙齿上有渠道，其中溢满了源自304 个毒腺的毒液。

希拉毒蜥和珠毒蜥是世界上仅有的两种具有毒性的蜥蜴。身体庞大且强壮，行动缓慢。体色引人注目，粉色、黄色、橙色和黑色的疣结构成了网状花纹，有时也会呈带状纹路。眼睛小。四肢短小强壮，有锋利的爪子，可用来挖洞。一般在沙漠或有草、灌木和仙人掌的干旱地区生活。在自己的巢穴或者被其他动物遗弃的巢穴中居住。饮食多样，以幼兔、老鼠、松鼠、鸟、小蜥蜴和卵为食。雌性可以产 12 枚卵，一般在湿润的沙地上挖洞孵卵。主要利用毒液作为自卫的工具，在撕咬之前会发出哨音、张大嘴巴恐吓敌人。人类会出于对其毒液的恐惧而猎杀它们。但是极少有人死于希拉毒蜥的咬伤，尽管其毒液会引起剧痛、水肿、眩晕和呕吐。

储有养分的尾巴　　未储存养分的尾巴

珠斑
其拉丁名意为"珠状的皮肤"，因其背部的鳞片由圆状疣结构成。

皮肤骨化
这些小的骨头被称为皮骨，用来支撑其多疣的背部鳞片。

当雌性接受求偶时，雄性可以通过舌头感知到对方散发出的气味。

蚓蜥

蚓蜥是覆有鳞片的爬行动物，除一科只有极小的前肢外，其他科都不具有四肢。其外表看起来像一条巨大的蚯蚓。身体上的鳞片呈环状。生活在地下，利用结实的头部开挖坑道，头顶一般呈弹头形、横扁形或竖扁形。眼睛极小，有些甚至看起来只是黑点。无外耳。钝尾，因此很容易同头部混淆。

门：脊索动物门	
纲：爬行纲	
目：有鳞目	
科：6	
种：181	

头部和爬行

蚓蜥可以根据头部形状进行分类，对应着不同的挖洞筑巢方式。

蚓蜥科
大部分蚓蜥的头部并没有特化，能将土向前或向身体两侧推送。

双足蚓蜥科
利用头部和两足挖洞。

佛罗里达蚓蜥科
竖扁形头部：骨骼结构和其他种类不同。

短头蚓蜥科
吻部突出：通过粗糙的盾甲旋转或摇摆挖洞。

一般特点

因为蚓蜥经常躲在挖好的地下通道中，人们对它们的了解少之又少，甚至在博物馆的相关陈列展览中也很少见。与缺肢蜥和蛇不同，它们的头骨较小且坚硬，与开挖通道的生活习性相适应。此外，它们还有一个独特的进化特点。它们有一块特殊的耳骨，能够在地下探测到猎物的活动。

皮肤上覆有环状鳞片，使人们经常将它们和大蚯蚓混淆。这些环纹也将蚓蜥和其他爬行动物区别开来。这也是辨认各个不同种类的主要依据。

右侧肺叶和主动脉弓非常有限，主要是左侧肺叶和主动脉弓发挥作用（与蛇和缺肢蜥相反）。和其他有鳞目的爬行动物一样，它们泄殖腔的横向缝隙中有返祖的半阴茎。会蜕皮，皮肤一般为棕色、红色或粉色，并有明亮的鳞片。分布于非洲北部、南美洲东部以及欧洲地中海、安的列斯岛、墨西哥、美国、古巴和阿拉伯半岛。

地下动物

它们利用头部挤压和移动土壤来挖掘地道。因此，它们的头骨比其他同等大小的爬行动物坚硬许多。

它们的面部由光滑坚硬的鳞片保护，眼睛陷入皮肤，鼻子发生变异以防被土壤堵塞，和毛虫类似，爬行时，让部分环状皮肤抵在地道表面，同时收缩身体其他部分以获得向前的推力。

科

蚓蜥共有6科。其中双足蚓蜥科的蚓蜥是唯一有足的蚓蜥，并且仅有前足。蚓蜥是一个种类繁多的群体，约有181种。短头蚓蜥科的蚓蜥通过摆动身体开挖通道。佛罗里达蚓蜥科现今仅有一个物种，即佛罗里达双头蜥，但有许多代表性的化石。

像手风琴一般

通过直线和折叠运动来推动身体前进。

后退
头部抵达地道尽头，在下次前进之前，将头部撤回。

前进
头部钻入土壤，然后收缩头部抵向地道顶部或底部。

Bipes biporus
五趾双足蚓蜥

体长：17.4~24 厘米
保护状况：无危
分布范围：墨西哥

体色
成年五趾双足蚓蜥身体
呈淡粉色；幼蚓蜥体色
更加突出。

五趾双足蚓蜥属于唯一一个有足的蚓蜥科，但仅有前足。前足短且强壮，每足有 5 只加长的爪子。身体呈环状，由 261 个环状背纹构成。覆有正方形或长方形鳞片。头部前方的鳞片宽大且呈盾甲状，便于开挖通道。

栖居于沙土或灌木丛中。利用短小的前足埋藏自己并建造体系复杂的巢穴。以各种节肢动物和蚂蚁及白蚁为食。

大部分时间在地下活动，极少在地表活动，一般在地表觅食或晒太阳。寿命一般为 1~2 年。

Rhineura floridana
佛罗里达蚓蜥

体长：18~38 厘米
保护状况：无危
分布范围：美国东南部

佛罗里达蚓蜥科仅存的一种蚓蜥。面部呈楔形或竖扁形，便于在地下活动时推进和挤压沙子或土壤。身体呈淡粉色。经常在多沙土的地区活动，常被干枯的松树叶覆盖。以白蚁和蚯蚓为食。尽管一生中的大部分时间都在地下活动以躲避捕食者，但在雨季时会离开地下出现在地面上。

2500 万年前，它们的祖先生活在北美洲大部分辽阔的草原上（目前主要分布在佛罗里达州北部和中部的部分地区）。

Anops kingii
小蚓蜥

体长：20.5 毫米
保护状况：未评估
分布范围：南美洲南部和中部

蚓蜥科中最小的一种。头部扁平，有由三角形盾甲构成的眼窝冠。小蚓蜥和同属的其他种类一样，是南美洲特有的物种（栖息地从巴西东南部延伸到阿根廷的丘布特省），面部严重挤压，身体侧面具角质的鸟喙形嵴棱。利用嵴棱以不同的方式开挖通道：朝两侧挤压土壤。一般生活在石头下方。

基本以甲虫和蝴蝶幼虫为食。冬末到夏初为繁殖期。

Amphisbaena alba
白线蚓蜥

体长：60 厘米
保护状况：无危
分布范围：南美洲北部和中部

白线蚓蜥是一种体形较大的蚓蜥。身体呈柱形，所覆鳞片呈横向和纵向的犁沟状。尾巴短，样子和头部相似。身体呈白色、米色和棕色。以节肢动物为食，如甲虫、蚂蚁、白蚁、蜘蛛和其他昆虫幼虫。一般躲在挖好的通道、枯叶堆或黑蚂蚁巢穴中。在旱季繁殖。

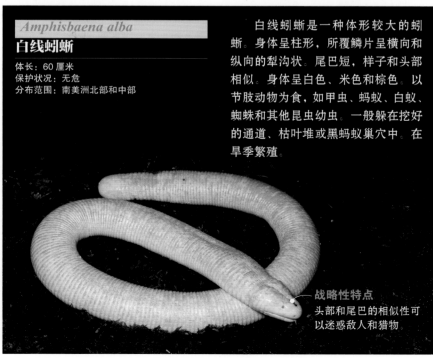

战略性特点
头部和尾巴的相似性可以迷惑敌人和猎物

鳄鱼及其近亲

现存的鳄鱼种类与其中生代时期的祖先区别很小。一般头骨大，牙齿锋利，身体偏长并覆有坚硬的鳞片。尽管它们已经从惨烈的地质灾变中幸存下来，但是如今很多种类仍然面临着生存的危机。

一般特征

鳄鱼和水的关系紧密。有一个四腔心脏、一个附腭和一个单只的交配器官。泄殖腔呈纵向，无膀胱。瞳孔直立。身体上覆有大块盾甲所构成的粗厚皮肤。头骨坚固，强有力的牙齿嵌入颌骨中。和蜥蜴不同，它们的泄殖腔是呈纵向排列的。卵生动物。经常建造巢穴，幼鳄会受到特殊照顾。

门：脊索动物门
纲：爬行纲
目：鳄目
科：3
种：24

水中和地上

这类爬行动物是鸟类的姻亲，一般分布于热带和亚热带地区。大多居住在淡水区，有个别种类在海洋或者咸水区生活。

体形变化大，有 1.5 米的侏儒宽吻鳄，也有长达 7 米的恒河鳄。它们一般尾巴长，侧面扁平，利于其在水中移动。其他爬行动物有两个心耳和一个心室。但是鳄鱼及其近亲有一个完整的隔膜将其心室分隔开来，因此它们的心脏有 4 个部分。这样可以有效地隔离从肺部到心脏的动脉血和来自身体的静脉血。

幼年鳄鱼以小型动物为食，比如一些水生节肢动物。体形较大的种类会攻击一些哺乳动物，如水豚、羚羊、角马、斑马、牛，甚至是人类。从水中捕获食物。由于骨质附腭的存在，鼻管可以关闭，与口腔隔离，这一结构使它们可以在水中张开口呼吸，只是鼻孔不浸入水中。擅长游泳，可以在水下持续待一个

主要的爬行动物

鳄鱼及其近亲和鸟类是祖龙中幸存的后代。出现于大约 2.5 亿年前，和恐龙及其他已经灭绝的动物如具槽生齿动物和翼手龙等曾一起生活。

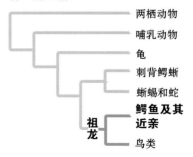

- 两栖动物
- 哺乳动物
- 龟
- 刺背鳄蜥
- 蜥蜴和蛇
- **鳄鱼及其近亲** （祖龙）
- 鸟类

咬
鳄鱼的撕咬是动物界最强有力的。

多小时。在用树枝、土壤和枯叶建造的巢穴中产卵，卵由雌性照顾。

和乌龟一样，鳄鱼和宽吻鳄的性别取决于卵孵化时的温度。

进化和多样性

鳄鱼的祖先是前三叠纪的原始古鳄。和其现存的近亲不同，它们长期定居在陆地上，而现存的鳄鱼多为两栖性。原始古鳄大约于 1.95 亿年前消失。在后侏罗纪时代，中生代古鳄发育进化出了明显的发热系统。中生代古鳄在白垩纪时期消失，其后又出现了优古鳄，现存的所有鳄鱼及其近亲都属于此类。现存鳄鱼的亲缘关系和其他爬行动物大不相同。除了鸟类之外，它们是二叠纪时期祖龙的唯一后代。祖龙的其他后代包括恐龙和飞行的爬行动物。

近期的发现表明鳄鱼化石的样子和现今的鳄鱼大为不同。超级巨鳄体长超过 12.2 米，体重可达 8 吨。野猪鳄体长达 6 米，牙齿偏长呈匕首状，利于穿透皮肉。鼠鳄体长只有 1 米，可以直立行走。鸭嘴鳄因其宽大突出的吻部而著名。

现存的种类包括了 3 个分支。鼍科以短吻鳄和凯门鳄为代表，有 4 属，分布在从墨西哥到阿根廷北部的广大地区，仅有一种生活在中国东南部。它们全部生活在淡水区，如河流、湖泊和沼泽。体长为 1.5~4.5 米，吻部相对较为短粗。闭上嘴巴时，下颌骨上的牙齿会被上颌牙齿覆盖。鳄科的地理分布多在热带地区，包括非洲、亚洲、澳大利亚和美洲。现今至少可以辨认出 2 个属。一般生活在淡水区，但是也会在河滩和海洋中出现。吻部较尖，与鳄目的另一科相比，长度适中。下颌骨上的牙齿与上颌牙齿相互穿插。下颌的第 4 齿特别明显。鳄科物种体长可达 7 米。长吻鳄科包括长吻鳄和伪长吻鳄（有些专家认为后者属于鳄科）。

栖居于印度和印度支那半岛。吻部窄长，利于捕捉鱼类。嘴巴末端有一个肉团，上面有鼻孔。长吻鳄体长可达 6 米。

争议

关于如何对鳄鱼及其近亲进行分类，有着不同的说法。有些专家将所有种类都归为同一个科类（鳄科），而有的专家则将其分为两科，把鳄鱼和长吻鳄归为鳄科，而短吻鳄和凯门鳄则属鼍科。最后也有一些专家认为长吻鳄有自己专有的科类，即长吻鳄科，将鳄形目分为 3 科（鳄科、鼍科和长吻鳄科）。它们分为 3 大支的科类或者亚科。这些种系分歧的产生是因为他们的划分依据不同，分别根据形态学、分子构成或者综合分析进行划分。

袭击人类

鳄鱼及其近亲袭击人类的事件不是特别常见。大部分有记载的事故发生在澳大利亚、安哥拉、印度、巴西和佛罗里达。在一些严重的案例中，受害者死因多为失血过多、肢体截断、严重感染或者窒息。在鳄鱼分布区生活的人们会用各种方法来对抗鳄鱼的袭击，比如用手指插入鳄鱼的眼睛或者咬鳄鱼的鼻子。

骨化皮肤
分布在每块鳞片皮肤下的小骨头，其主要作用是保护自身免遭强烈袭击的侵害。

各科的区别

可以根据头部特点进行基本的分类。宽吻鳄和短吻鳄吻部扁平，呈 U 形，后者吻部更宽。鳄科头部偏长，呈 V 形，颌骨上的第 4 颗牙齿露于嘴外，非常容易辨认。长吻鳄的吻部最长且窄。

鳄鱼还是短吻鳄
鳄鱼和短吻鳄及宽吻鳄不同，闭着嘴巴就能看到下牙。

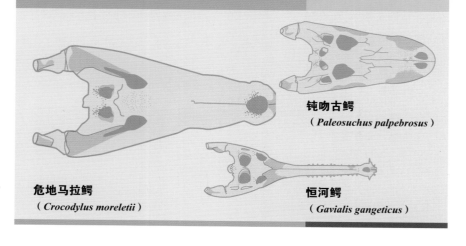

钝吻古鳄
（ *Paleosuchus palpebrosus* ）

危地马拉鳄
（ *Crocodylus moreletii* ）

恒河鳄
（ *Gavialis gangeticus* ）

饮食和繁殖

　　鳄鱼是卵生动物。和鸟类与哺乳动物不同，幼鳄的性别取决于温度，和染色体无关。刚出生的幼鳄由父母照顾，这一点在其他爬行动物中并不常见。颌骨上分布着感觉毛孔，可以感知到极其轻微的水压波动和变化，便于它们在自己的领地探测猎物和入侵者。捕猎高效有力，可以捕到大型草食动物和人类。

饮食

　　幼年时期，鳄鱼主要以螃蟹、昆虫和软体动物为食。随着身体的不断发育，它们的猎物大小也会发生变化。一开始，捕食小型的脊椎动物，如鱼和两栖动物，之后目标转为鸟类、蛇类和啮齿目动物。成年鳄鱼则捕食鸟类和大中型哺乳动物。鳄鱼偏爱大型猎物，这样可以长时间保存能量，一年只需进食一次即可。否则它们必须不断地移动来寻找小型猎物。最极端的例子是对大型草食动物进行捕食，如斑马、角马、水牛、羚羊、长颈鹿、绵羊和牛，鳄鱼会在它们靠近水边喝水时发起进攻，甚至有捕食豹子和人类的案例。有很多鳄鱼和短吻鳄袭击人类的报道，其中有些报道有着详细的记录。因其眼睛的构造，鳄鱼前面的视野不是很好。因此，经常侧着身体追踪猎物，当它们靠近猎物时，会剧烈地摆头，将目标抓获。有时也会突然袭击，躲到水下，通过尾巴的推动扑向猎物。鳄鱼的撕咬是我们目前所知的所有动物中最为有力的。但是它们打开颌骨的力量很弱，这一特点及其牙齿的结构使它们能够牢牢地咬住猎物。当猎物体形较小时，它们会不断拍打猎物直至其死亡。反之，如果猎物体形较大，它们会用牙齿咬住猎物不断旋转，试图将其撕裂，使其窒息而亡。

致命的袭击

　　在水中静候猎物，然后突然向目标发起进攻。将猎物杀死后，会不断旋转猎物，以将其撕成肉块。

静候狩猎

死亡旋转

结构与作用

　　吻部的样子和大小与其捕食的猎物息息相关。长吻鳄和一些鳄鱼吻部长且窄，利于其在水中活动，从而可以捕食鱼类。短吻鳄和宽吻鳄吻部短宽且强壮，利于捕食大型猎物，如鸟类和哺乳动物。

繁殖

　　当雄性弓起身体、拍打尾巴并开合嘴巴粗喘时，雌性开始行动。雌性慢慢靠近，雄性开始在它周围转动。当雌性接受求偶时，会游向浅水区，让雄性爬到自己背上，之后它们的泄殖腔开始互相接触。在产卵之前，雌性长吻鳄和一些鳄鱼会在多沙的地面或者干燥的海滩挖洞，卵产下之后立即将洞填埋。可产 10~100 枚卵。有时，多只雌性会在同一个巢穴中产卵。短吻鳄、凯门鳄和许多鳄鱼会在河岸树林或者灯芯草地旁的水域附近利用泥土和干枯的树叶堆筑巢。这些巢穴周长 2.5 米、高 1 米。在大部分种类中，雌性在这一时期都比较好斗。经常在巢穴附近活动，以驱赶一些可能的捕猎者。雄性也会照顾卵。孵化期可以持续 3 个月，因不同种类而异。

卵
外表和鸡蛋相似，但是外壳更加精细。

撕碎猎物
鳄鱼及其近亲的牙齿不能咬碎猎物，因此，它们会把猎物撕成几大段，然后全部吞下。

性别与温度

　　黑凯门鳄幼鳄的性别取决于巢穴的温度。巢穴底部因为铺着一些杂草，是温度最高的区域，在这里的卵孵化后为雄性。越靠近巢穴边缘，温度越低，卵孵化后为雌性。

卵的孵化温度必须为 27~34 摄氏度。美洲凯门鳄孵化幼鳄时，温度低于 31 摄氏度时为雌性，温度高于 32 摄氏度时为雄性。

美洲凯门鳄在 31 摄氏度时孵出雌性。

巢穴的中间区域既可以孵出雌性，也可以孵出雄性。

当温度达到 32 摄氏度时，只能孵出雄性。

控制幼鳄的性别结构
雌鳄可以随意改变筑巢的杂草成分，降低或提高巢穴温度，从而根据需要调节幼鳄的性别结构。

鳄鱼和长吻鳄

门:	脊索动物门
纲:	爬行纲
目:	鳄目
科:	鳄科
亚科:	3
种:	23

各个亚科的头骨样式大小、生活习性和分布区域都不同。因其残忍危险的名声而为大家所恐惧。遗传了其生活于白垩纪末期祖先的很多特点。因为人类的偷猎、栖息地的减少和环境的污染,大部分种类都面临着灭绝的危险。

Crocodylus acutus
美洲鳄

体长: 5~6 米
保护状况: 易危
分布范围: 北美洲南部、中美洲及安的列斯岛

强有力的嘴巴
美洲鳄的牙齿又长又尖,牢固地嵌在颌骨中,使它们很容易就能咬住猎物。

美洲鳄生活在淡水区和咸水区,如海滨湖泊、滩涂地和湖泊。捕食各种脊椎动物,从鱼、青蛙到一些小型哺乳动物。利用四肢行走,尾巴侧向扁平,可以拨动水流。

舌头后末端有皱襞,同腭片一起将嘴巴和呼吸道完全隔离。因此,它们可以在水下张开嘴巴。鼻孔被一系列特殊的肌肉遮挡,鼓膜由许多可动的鳞片皱襞所保护。它们在沙地或土地上刨洞作为陆地上的巢穴,或者搜集地面上的杂草筑巢(一般由雌鳄负责,通常位于咸水区附近)。每次可产 20~38 枚卵,孵化期为 2 个月。

Crocodylus johnsoni
澳洲淡水鳄

体长: 2~4 米
保护状况: 无危
分布范围: 澳大利亚北部

澳洲淡水鳄在人类面前非常胆小,一般在淡水区生活,如河流、湖泊和沼泽。皮肤呈浅棕色,身体和尾巴上有暗色的带状条纹。鳞片相对较大。背部鳞片排列紧密,像铠甲一样,

吻部长
吻部的长度是其眼睛高度即面部最宽处的3倍。

而体侧和四肢外侧的鳞片较圆。腹部颜色单一且明亮。

以鱼、螃蟹、青蛙、鸟和小型哺乳动物为食。巢穴是深度为 12~20 厘米的地洞。雌鳄平均产 13 枚卵,不负责照看卵。

Crocodylus palustris
沼泽鳄

体长：3~5 米
保护状况：易危
分布范围：南亚

群居行为

具有社会性，和同伴分享领地。沼泽鳄不论是成年还是幼年都具有丰富的声谱，可以互相交流。

沼泽鳄是现存鳄科中吻部最宽的一种。在淡水区生活，如湖泊、沼泽、河流或海滨沼泽，但有时候也会出现在海边的咸水湖泊中。

偏爱浅水区，可以在其中缓慢移动或静候猎物。可以在地面行走，甚至能够捕捉到一些动物；在陆地挖洞筑穴以度过旱季。捕食鱼类、爬虫和哺乳动物。食谱中还会出现猴子、鹿，少数情况下还有水牛。成年沼泽鳄呈

背甲
背部的鳞片为 4 列纵向分布。

深橄榄色，幼鳄的体色则更为鲜亮，有黑色的淡斑。

雌性每次产 25~30 枚卵。巢穴温度决定幼鳄的性别。32.5 摄氏度时为雄性，而 28~31 摄氏度时则为雌性。孵化期一般为 55~75 天。

沼泽鳄贸易已在国际范围内被禁止。

Osteolaemus tetraspis
侏儒鳄

体长：1~1.9 米
保护状况：易危
分布范围：非洲中部和西部

幼年侏儒鳄的特点
体色鲜艳，有黑色和黄色的斑点。

体长与其他鳄鱼相比非常短小，故名侏儒鳄。平均身长不足 1.5 米，是世界上最小的鳄鱼。在河流、沼泽中生活，捕食小型哺乳动物（如啮齿目动物）、水生昆虫及两栖动物。独居。背部为黑色，体侧和腹部为黄色，有黑色斑点。为了繁殖，雌性会用植物的枯叶或其他部分混入泥土筑造巢穴。每次产 10~20 枚卵，孵化期为105 天。

Crocodylus porosus
湾鳄

体长：2~8 米
保护状况：无危
分布范围：东南亚、南亚和大洋洲

湾鳄是现存体形最大的鳄鱼。性格残暴，会袭击人类。在海边生活，有时也会在内陆沼泽区活动，或者出现在远离大陆的海洋。雄性体形比雌性大很多。捕食鱼类、其他鳄鱼和大型哺乳动物（如水牛、畜群）。幼年时期以昆虫、甲壳纲动物、爬行动物和其他小动物为食。可产 30~90 枚卵，孵化期约为 90 天。

Crocodylus niloticus

尼罗鳄

体长：3.5 米
保护状况：无危
分布范围：非洲大陆及马达加斯加岛西部

出生
雌鳄会根据卵内鳄鱼的叫声确认哪只幼鳄即将出生。

尼罗鳄头上的鼻孔和眼睛突出，使它们可以将身体没入水中几小时；第三眼睑——瞬膜可以确保它们在水下保持睁眼状态。口腔尽头有一个皮瓣，当它们潜入水中擒住猎物时，可以阻止水流进入气管。在水中游动时会使整个身体从头部到尾端呈波浪状摆动。

领地意识

在河流或河岸建立不同范围的领地。掌权的成年尼罗鳄和那些年轻的挑战者们互相争斗来决定支配等级。

在坚硬陆地上的生活

利用腹部匍匐爬行，也会伸开四肢撑起身体行走或跑动。它们通过离开水域、晒太阳以保持体温。

卵生动物
雌性尼罗鳄在坚硬的地面上产20~100枚卵，利用阳光的热量来孵化。

大型捕猎者

尼罗鳄是非洲体形最大的一种鳄鱼：体长可达6米，重达1000千克。其颌骨强壮，可以捕捉吞食大型猎物，但不能将猎物咬碎咀嚼。一天中的大部分时间都在湖泊、河流中活动。已经适应水中生活，一般独居，但也会组团觅食。

攻击策略

每年都会有一些有蹄动物在大草原上迁徙，途中它们必须横穿河流或靠近水流饮水。尼罗鳄预见了这一情况，提前将整个身体没入水中等候角马、斑马等迁徙者。其捕猎策略：埋伏在河岸附近等候毫无防备的猎物到来，当目标靠近时，便到了这场准确突袭的高潮阶段。

1 埋伏窥探
尽管体形庞大，它们仍有目的地悄悄埋伏在水中，窥探正在静静喝水的猎物。

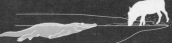

2 捕捉
当毫不知情的受害者步入河流更深处时，尼罗鳄突然扑向猎物。

3 窒息
将猎物拖入水中直到其窒息而亡。同时也会不断旋转猎物，加速其死亡。

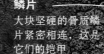

鳞片
大块坚硬的骨质鳞片紧密相连，这是它们的铠甲

80

最多有80颗牙齿，一生中牙齿可以更换

牙齿

牙齿呈锥状，当旋转或剧烈摇晃猎物身体撕碎猎物时，可以牢牢将其固定

多功能的吻部

冷却

口腔上皮通过传导吸收血液中多余的热量，然后通过对流将其排到空气中。因此，尼罗鳄经常张着嘴巴。

攻击

牙齿从紧闭的嘴巴中突出。这一构造使其能够牢固地咬住猎物。

搬运

半张的嘴巴可以充当笼子，成年尼罗鳄会将幼鳄放到里面，将它们从巢穴搬到远离捕猎者的安全之地

Tomistoma schlegelii
马来长吻鳄

体长：2.5~5 米
保护状况：濒危
分布范围：东南亚

长吻鳄

马来长吻鳄

体色
皮肤上有斑纹，幼年时期更为明显。

马来长吻鳄和其他的鳄鱼不同，它们吻部细长，与真正的长吻鳄相似。马来长吻鳄的吻部形状是对其捕食鱼类的进化适应，但它们的饮食非常多样，也会吃甲壳类动物、昆虫和哺乳动物，如蝙蝠、啮齿目动物甚至鹿。

身体呈棕色，尾巴、身体与颌骨上有黑色斑点。雌性用枯叶或泥巴筑造巢穴，并在其中产 20~60 枚卵。孵化期约为 90 天。父母不负责照顾幼鳄（在鳄鱼中很少见），因此，幼鳄的死亡率很高。幼鳄离开巢穴后，很容易沦为野猪和其他爬行动物的猎物。

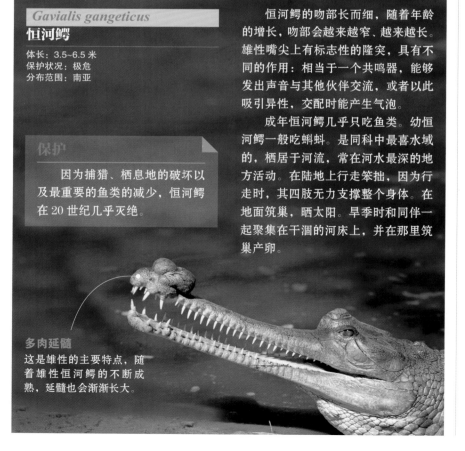

Gavialis gangeticus
恒河鳄

体长：3.5~6.5 米
保护状况：极危
分布范围：南亚

保护

因为捕猎、栖息地的破坏以及最重要的鱼类的减少，恒河鳄在 20 世纪几乎灭绝。

多肉延髓
这是雄性的主要特点，随着雄性恒河鳄的不断成熟，延髓也会渐渐长大。

恒河鳄的吻部长而细，随着年龄的增长，吻部会越来越窄、越来越长。雄性嘴尖上有标志性的隆突，具有不同的作用：相当于一个共鸣器，能够发出声音与其他伙伴交流，或者以此吸引异性，交配时能产生气泡。

成年恒河鳄几乎只吃鱼类。幼恒河鳄一般吃蝌蚪。是同科中最喜水域的，栖居于河流，常在河水最深的地方活动。在陆地上行走笨拙，因为行走时，其四肢无力支撑整个身体。在地面筑巢，晒太阳。旱季时和同伴一起聚集在干涸的河床上，并在那里筑巢产卵。

Mecistops cataphractus
非洲狭吻鳄

体长：2.5~4 米
保护状况：数据不足
分布范围：非洲西部

非洲狭吻鳄非常喜水，偏爱植被稠密的地区，也会出现在湖泊、咸水湖甚至海岸附近，可以承受一些盐分。擅长游泳，但大部分时间在休息。吻部细，成年时，吻部长度是其宽度的 5 倍多。背部皮肤呈深橄榄色，腹部颜色较为鲜亮，有斑点。幼年非洲狭吻鳄体色更为鲜亮。它们主要以鱼类和水生无脊椎动物为食。体形较大的有时会捕食更大型的脊椎动物。

一般独居，繁殖期除外。雨季开始时进行交配。雌性在河流附近的低地利用枯叶和泥土筑巢。每次产 13~27 枚卵。会待在巢穴附近守候，但是一般不会积极地守卫巢穴。孵化期持续 16 周。

宽吻鳄和短吻鳄

门:	**脊索动物门**
纲:	**爬行纲**
目:	**鳄目**
科:	**鳄科**
亚科:	**3**
种:	**23**

体形比它们的近亲(鳄鱼和长吻鳄)小。在这个群体中,短吻鳄、美洲凯门鳄和黑凯门鳄体形较大。偏爱河流、运河及各种湿地等淡水区。个别种类可以生活在海水里。除美洲短吻鳄之外,其他种类一般不会袭击人类。

Alligator mississippiensis

美国短吻鳄

体长:1.8~5 米
保护状况:无危
分布范围:美国东南部

幼鳄的皮肤
黑色皮肤上分布着许多黄色的带状条纹,便于伪装。

偏爱湿地,如沼泽和海滨沼泽,但有时也会在河流、湖泊和其他淡水水体中活动。尽管不像其他鳄鱼那样拥有盐分口腔分泌腺,但也可在短时间内承受一定盐分。因此,有时可以在沿海滩涂地发现它们的身影。

雌性比雄性体形小很多。吻部宽,尽头有不是很明显的鼻梁。四肢短小,前足具 5 趾,后足具 4 趾。成年美国短吻鳄的皮肤呈棕橄榄色,部分区域呈黑色,颌骨、颈部和腹部为奶油色。肤色暗淡。尾巴附近的鳞片颜色更黑。腹部有骨化皮肤。成年美国短吻鳄捕食各种猎物,偏爱龟、小型哺乳动物、鸟类、爬行动物、鱼类甚至是幼年短吻鳄。必要时还会吃腐肉。当气温低于 20~23 摄氏度时,会停止进食。

饮食、气候和出生率的不同决定了其身体的两种不同形态:有的修长苗条,有的短而强壮。

春季开始时进行交配。雌性用淤泥和枯叶筑巢,并在其中产 20~60 枚卵,巢穴一般建在高于水体的地方。雌性会积极地守护巢穴。幼鳄一旦离开巢穴,雌性会立即将巢穴摧毁,以帮助它们下水。离开巢穴时,它们会把 8~10 只幼鳄放在口中搬运到水里。

远离水域
敏捷的行走者,经常在坚硬的地面爬行。

Alligator sinensis
扬子鳄

体长：1.5~3 米
保护状况：极危
分布范围：长江、中国东部

扬子鳄只生活在长江和毗邻的湿地中，是世界上较小的鳄鱼之一，平均长 2 米。

有时会在海拔 100 米的稻田中活动。成年扬子鳄重达 40 千克。吻部短且宽，外形强壮，嘴尖稍稍向上翘起。颌骨上有 76 颗牙齿，方便压碎和咬断猎物。其食物基本为带有硬壳的软体动物。

幼年扬子鳄身体呈黑色，有黄色条纹。在结构复杂的地下洞穴中冬眠 6~7 个月，以躲避寒冷。其生活的温度鲜少低于 10 摄氏度。夏季交配。利用植物筑巢。7~8 月在巢穴中孵化 10~50 枚卵。

眼部保护
眼睛上有骨质盾甲。

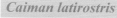

腹部鳞片
鳞片骨化。

保护

据统计，野生扬子鳄的数目低于 200 只，其中大部分生活在中国安徽省 433 平方千米的自然保护区内。

Caiman yacare
巴拉圭凯门鳄

体长：2~3 米
保护状况：无危
分布范围：南美洲中部

巴拉圭凯门鳄是分布最偏南的一种凯门鳄。大部分群体栖息于巴西的大沼泽地和阿根廷的伊维拉河滩，偏爱开阔的水域，和其近亲南美凯门鳄相比，它们生活在更深的水域。经常在浮生植物等水生植物丛附近生活。

背部趋于黑色，又长又窄，下颌骨、体侧和尾巴上有明显的斑点。

主要以蜗牛、其他软体动物、甲壳类动物和鱼类为食。夏初开始交配，雄性会为异性而竞争。雌性在巢穴中可产 20~40 枚卵，在孵化期时，负责保护卵。

Caiman latirostris
南美宽吻鳄

体长：1.5~3.5 米
保护状况：无危
分布范围：南美洲东南部

南美宽吻鳄因其面部特点而得名。中等体形，有明显的性别差异：雌性比雄性体形小很多，雄性体重可达 90 千克，长达 3 米。一般栖居于水生植物丰富的各种湿地中，甚至是红树林沼泽。可以承受一定程度的盐性。体色由深绿色逐渐变为黑色，特别是分布区南部的南美宽吻鳄体色更是如此。它们可以很好地适应冬季相对较低的气温，白天会晒几小时的太阳，以调节自身体温。

捕食蜗牛等软体动物、甲壳类动物，偶尔也会吃其他爬行动物、两栖动物和小型哺乳动物。交配期因地区的不同而有所差别。雌性在巢中平均产 40 枚卵，并孵化 63~70 天。和其他种类不同，雌雄共同孵卵并照顾幼鳄几个月。

Melanosuchus niger
黑凯门鳄

体长：4~6米
保护状况：无危（在保护下）
分布范围：亚马孙河流域

栖息地多样，生活在亚马孙河流域的广大地区，是体形最大的凯门鳄，它们的皮有很高的市场价值。下颌颜色暗淡，有黑色或棕色的带状条纹。身体两侧有白色或黄色的条纹，年龄越小越明显。头骨样子与其他宽吻鳄不同。眼睛更大，面部相对更为狭窄。从眼睛到吻部分布着典型的骨质触角芒。以甲壳类动物、鱼类和其他水生脊椎动物或两栖动物为食，如龟和水豚。有袭击畜群和人类的记录。在旱季繁殖。在直径为1.5米的巢穴中孵化30~60枚卵。雌性在孵化期会守在巢穴附近保护卵。雨季开始后，幼鳄开始破壳而出。

交流
黑凯门鳄可以发出很多声音，以此与同伴相互交流。

三角形头部
有3~5列后枕骨鳞片。

Caiman crocodilus
眼镜凯门鳄

体长：1.5~3米
保护状况：无危
分布范围：墨西哥南部到南美洲中北部

眼镜凯门鳄偏爱水流较小的水域，常在河流和沼泽活动。有时也能在一些咸水区发现它们的身影。雌性体形比雄性小。成年眼镜凯门鳄呈橄榄色或黑色，并有黄色和黑色的带状条纹。幼鳄的体色更黄。面部狭长，当嘴巴合上时，第4颗牙齿不可见。眼睛前面有骨质的触角芒，故名眼镜凯门鳄。

成年眼镜凯门鳄以鱼类、两栖动物、爬行动物和水鸟为食。在雨季进行繁殖。雄性、雌性都会和不同的伴侣进行交配。在交配期，雄性会变得好斗，同伴之间会互相竞争。雌性在巢穴中产40枚卵。经过65~104天的孵化之后，幼鳄出生。后代会同父母共同生活一年半。

Paleosuchus palpebrosus
钝吻古鳄

体长：1.2~1.6米
保护状况：无危
分布范围：南美洲

同科中体形最小的凯门鳄。偏爱亚马孙河与奥里诺科河流域清澈透明的河水。常在有岩石层的河流中活动，可以在岩石上休息。经常独居或者与伴侣同居。背部和腹部的皮肤已经严重骨化。这一铠甲既可以保护它们免遭捕猎者的袭击，也可以避免急流对其身体的伤害。幼鳄呈棕色，身体上有白色的带状条纹，成年后，体色更深。头部样子和其他种类有所不同：短、柔软且凹陷。用淤泥和杂草筑巢，巢穴常位于非常隐蔽的地方。90天的孵化期之后，有10~25只幼鳄出生。在这一阶段，父母会帮助它们，并将刚出生的幼鳄运到水中。幼鳄以无脊椎动物为食，如甲壳类动物、鞘翅目昆虫和一些鱼类。

眼睛的颜色
大部分呈棕色，但是有个别钝吻古鳄的瞳孔为金色。

体色
下颌骨有白色带状条纹。

图书在版编目（CIP）数据

爬行动物 / 西班牙 Editorial Sol90, S. L. 著；董青青译 . — 太原：山西人民出版社，2019.6（2021.9 重印）
（国家地理动物百科）
ISBN 978-7-203-10736-1

Ⅰ . ①爬… Ⅱ . ①西… ② E… ③董… Ⅲ . ①爬行纲—普及读物 Ⅳ . ① Q959.6–49

中国版本图书馆 CIP 数据核字 (2019) 第 020629 号

著作权合同登记图字：04-2019-002

Animals Encyclopedia is an original work of Editorial Sol90

First edition © 2015 Editorial Sol90, S. L. Barcelona

This edition 2019 © Editorial Sol90, S. L. Barcelona granted to 山西出版传媒集团·山西人民出版社

All Rights Reserved

The simplified Chinese translation rights arranged through Rightol Media

（本书中文简体版权经由锐拓传媒取得 Email: copyright@rightol.com）

爬行动物

著　　者：西班牙 Editorial Sol90, S. L.
译　　者：董青青
责任编辑：李鑫
复　　审：傅晓红
终　　审：秦继华
装帧设计：八牛·设计

出 版 者：山西出版传媒集团·山西人民出版社
地　　址：太原市建设南路 21 号
邮　　编：030012
发行营销：0351-4922220　4955996　4956039　4922127（传真）
天猫官网：http://sxrmcbs.tmall.com　电话：0351-4922159
E-mail：sxskcb@163.com 发行部
　　　　　sxskcb@126.com 总编室
网　　址：www.sxskcb.com

经 销 者：山西出版传媒集团·山西人民出版社
承 印 厂：雅迪云印（天津）科技有限公司

开　　本：889mm×1194mm　1/16
印　　张：7.5
字　　数：312 千字
版　　次：2019 年 6 月　第 1 版
印　　次：2021 年 9 月　第 2 次印刷
书　　号：ISBN 978-7-203-10736-1
定　　价：88.00 元

如有印装质量问题请与本社联系调换

GUOJIA DILI DONGWU BAIKE

国家地理动物百科

爬行动物

西班牙 Editorial Sol90, S. L. ◎著

董青青 ◎译

山西出版传媒集团　山西人民出版社

目录

概 况

3亿年前，经过生物进化，爬行动物和两栖动物分离，并最终征服陆地。目前，有9000多种爬行动物，分布在从海洋到沙漠的各种环境中。据估算，其中1/5的物种正面临着灭绝的危险。

什么是爬行动物

门：	脊索动物门
纲：	爬行纲
目：	4
科：	60
种：	约9000

爬行动物皮肤干燥，背部覆有鳞片。不能自身调节体温，体温随接收的太阳热量的变化而变化。通过肺呼吸。除龟类之外，其他爬行动物都有牙齿。体内受精。大部分为卵生，与两栖动物相比，其卵的结构更为特别，由羊膜包裹，可避免变干。这一进化使它们的繁殖过程摆脱了对水域环境的依赖。

共同特征

爬行动物是最早脱离水域环境在陆地上生活繁衍的脊椎动物。这同其皮肤上的防水鳞片和带有羊膜的卵有着密不可分的关系。这种卵同外界环境隔离，外表有柔韧或坚硬的保护壳，使其免遭脱水的危险，同时又可保证呼吸的空气和水通过。因这一进化成果，爬行动物成功脱离了水域限制。卵具有一系列的细胞膜：羊膜，防止胚胎脱水；尿囊，充当呼吸表面；绒膜，调节气体的通过量。所有这一整体都包裹在外壳内。

爬行动物皮肤干燥，表面覆盖一层防止水分蒸发的鳞片且能定期更换。通过蜕皮，周期性更换表皮，在这一过程中，动物本身也会不断成长。甚至在孵化之前，它们就会蜕皮。

爬行动物为变温动物，意味着它们体内不能产生热量，需要通过外部因素的调节来保证体温处于正常范围之内。所以经常会看到它们伸展身躯在太阳底下待一整天。进食之后，它们将腹部贴在温热的石头上以促进消化。当体温偏高时，它们会在巢穴内、石头下或茂密的树丛下来降温。

和哺乳动物及其他恒温动物不同，爬行动物不需要每天从食物中获取化学能量来维持生命活动。这是很多爬行动物的重要特性，如蛇和鳄鱼，并不需要每天都进食。但这样存在一个劣势，它们不能在极冷的气候条件下生存。另外，因白天、黑夜或季节的变化，它们不得不调整自己的新陈代谢功能以及其他活动（如运动、消化、成长和排泄）。很多爬行动物在天气冷时会进行长达几个月的冬眠。

能量调节策略
与所有的爬行动物相同，普通鬣蜥也为变温动物，它们利用太阳和石头来保持适宜的体温。

栖息地与分布

    除极冷环境外,它们能够在其他所有环境中生存。因此,除了南极洲外,其他大洲都有爬行动物分布。热带地区的爬行动物种类最为丰富,据统计,在10平方千米的丛林中可以发现100种不同的爬行动物,相当于欧洲大陆所有已确定爬行动物种类的一半。沙漠中的爬行动物种类较少,但是,尽管如此,我们还是能发现很多爬行动物。如在美国和墨西哥的干旱地区,据估算,每平方千米生活着4000只沙漠夜蜥蜴(*Xantusia vigilis*)。

    很多爬行动物都具有适应各种气候的卓越能力。棱皮龟(*Dermochelys coriacea*)是最耐冷的爬行动物之一。在10摄氏度的极地水域也能发现它们的踪迹,它们的体温可以高出所在水域18摄氏度。角蝰(*Cerastes cerastes*)是一种带有剧毒的蛇类,生活在世界上最干旱贫瘠的沙漠,如年平均降水量几毫米的撒哈拉沙漠,夜晚时经常在沙子中游窜寻找猎物。阿空加瓜蜥蜴生活在海拔2500米的安第斯山脉地区,有时甚至能在海拔3300米的阿空加瓜山上找到它们的踪迹。

繁衍

    同哺乳动物和鸟类一样,所有的爬行动物都是通过体内受精繁衍后代的。大部分为卵生。一般在地洞、腐朽的树干、蚁穴等较为安全和隐蔽的地方产卵。

    有些爬行动物幼体由父母养育,如鳄鱼:父母建好巢穴,雌性鳄鱼产下卵,并孵化很长一段时间。很多蟒蛇和眼镜蛇会一直孵化自己的卵,它们通过肌肉收缩产生热量孵卵。但是也有些爬行动物是卵胎生的,它们的卵在母体内发育,但和母体无直接联系。

    刚出生的幼体身上包裹着一层破了的薄膜,甚至还有胎生爬行动物整个胚胎发育过程都是在母体内,和哺乳动物类似,通过脐带进行营养供给。

饮食

    大部分爬行动物以活着的猎物为食,从白蚁到水牛都是它们的美食。蜥蜴一般主要以昆虫为食,也有草食性蜥蜴,如绿鬣蜥主要以树叶和果实为食。

    蛇偏爱昆虫、软体动物和脊椎动物,如鸟类、老鼠、鱼、两栖动物以及其他爬行动物。当猎物的体形比其嘴的直径大时,它们会将颌骨脱位,张大嘴巴和消化道,将猎物全部吞咽。非洲食卵蛇专以卵为食,尤其喜欢鸟卵。

    鳄鱼喜欢吞食鱼、软体动物、鸟类和哺乳动物。

    大部分陆龟为草食动物,但是水龟,不论海水还是淡水,一般都是肉食动物,它们的食物包括螃蟹、虾、蜗牛、鱼和海蜇(在海洋中)以及其他无脊椎动物,有些种类还会吃水藻。

保护壳
爬行动物皮肤上覆有鳞片,起到防脱水的作用。

生物进化

    同所有的生物一样,爬行动物也有自己的特别之处,能够在不同的巢穴中生活,提高了它们在不同环境中生存的可能性。其中很多特征都与运动息息相关。

蛇怪蜥蜴能够在水上行走。它们的后肢上有皮裂片,相当于脚蹼,增加了在水上的支撑面积。遇到危险时,脚蹼会打开,逃离速度可达8.4千米/时。

阔趾虎的手指和脚趾由一层膜连接起来,使得它们能够在沙漠里轻松地快跑而不陷入其中,同样也能轻而易举地在沙子里挖洞。

当飞蜥想要从一棵树到另一棵树时,它们就会张开自己彩色的"翅膀";实际上是它们长长的肋部皮肤上的褶皱,使得它们可以利用上升气流,滑翔20~30米。长长的尾巴能够帮助它们把握飞行的方向。

恒河鳄(*Gavialis gangeticus*)生活在印度北部和缅甸的沼泽地,嘴又长又细,此特征有利于其专以鱼为食。

解剖结构

爬行动物身体结构和内部器官构造的很多特点都反映了它们对环境的适应。其中一个特点使它们摆脱了对水域环境的依赖，即皮肤坚硬且覆有鳞片，能够防止水分流失。同样，它们的肾脏也有利于保持水分，因为其尿液很少。它们新陈代谢缓慢，不咀嚼直接吞食猎物。

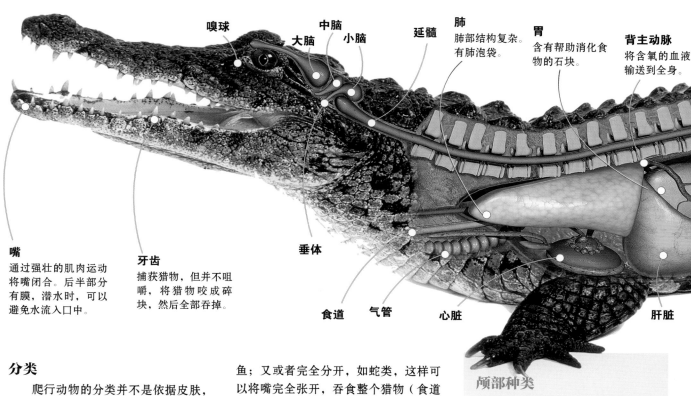

嗅球

大脑

中脑

小脑

延髓

肺
肺部结构复杂。有肺泡袋。

胃
含有帮助消化食物的石块。

背主动脉
将含氧的血液输送到全身。

嘴
通过强壮的肌肉运动将嘴闭合。后半部分有膜，潜水时，可以避免水流入口中。

牙齿
捕获猎物，但并不咀嚼，将猎物咬成碎块，然后全部吞掉。

垂体

食道

气管

心脏

肝脏

分类

爬行动物的分类并不是依据皮肤，而是看脑部的颅骨（眼窝后部）是否有颞颥孔。大部分爬行动物，除了龟类，都属双孔亚纲，即有两个颞颥孔。颅部和第一节颈椎通过枕骨髁或支撑点连接，使它们头部转动半径非常大。

牙齿

爬行动物的牙齿主要用来捕获猎物，而不是咀嚼。颌骨的两个分支因其种类不同而有所变化，这会影响它们进食的方式。可以像龟类一样连接起来；也可以通过一个简单的骨缝联结，如鳄

鱼；又或者完全分开，如蛇类，这样可以将嘴完全张开，吞食整个猎物（食道强大的扩张能力和胸骨的缺失有利于这一吞食过程顺利进行）。

骨骼和四肢

构成爬行动物脊柱的椎骨数量是不同的，龟类大概有30条，而蟒蛇有400条。它们同样也有肋骨，龟类的肋骨同其外壳合并，为了能够承受内脏的重量，鳄鱼的肋骨一直延伸到腹部。

有四肢的爬行动物，其中一些有5趾，其余的都是4趾；某些蜥蜴，如慢缺肢蜥和所有的蛇类都没有四肢。

颅部种类

大部分爬行动物的颅部除了骨腭外，都是连接起来的。其区别在于颞骨是否有颞颥孔。

无孔亚纲
同鱼类、两栖动物和早期爬行动物一样，无颞颥孔。

双孔亚纲
每个眼窝后面有两个颞颥孔，每个颞窝下面有一个骨块。

眼窝

消化器官

爬行动物有完整的消化系统，经由嘴、咽、食管、胃和长长的肠道，通向泄殖腔（消化器官的末端，具有排泄和生殖功能）。蜥蜴和蛇的泄殖腔是一个横向的管道，而乌龟和鳄鱼为纵向泄殖腔。有附腺，如肝脏和胰腺。蛇类的肝脏是它们最大的内部器官，位于心脏和胃之间，可以伸长以储存食物。消化后，所有的器官恢复原状。无唾液腺，通过消化酶进行机械和化学消化，新陈代谢缓慢。

爬行动物的消化过程比哺乳动物慢很多，需要消耗很多能量。从某种意义来讲，与其说是它们的缺点，倒不如说是生物进化的优势：鳄鱼和蟒蛇并不是每天都进食，只需缓慢消化一顿大餐，就可以生存几个月。食管和胃很容易膨胀，使它们能够毫无困难地吞食大型猎物。

吞食猎物时，并不咀嚼，经常通过其生命石——胃石消化猎物，这些胃石能够帮助它们在体内磨碎食物。

循环系统

双循环系统：一个小环形通道将含有碳氮的血液输送到肺部，然后大的环形通道将含氧的血液输送到身体的各个部分。

心脏
血液流动的压力阻止了肺部血液同整个血液循环系统血液的混合。

哺乳动物
4个腔

爬行动物
3个腔

两栖动物
3个腔

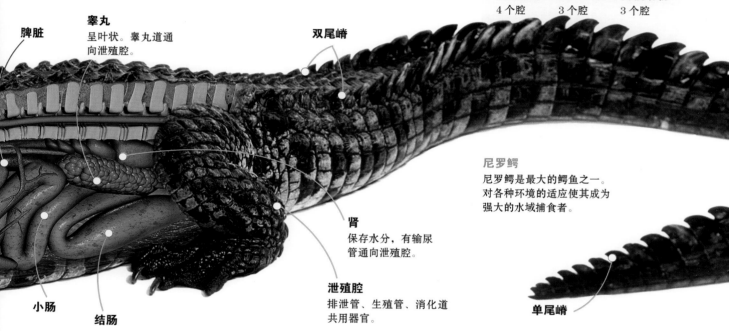

脾脏

睾丸
呈叶状。睾丸道通向泄殖腔。

双尾嵴

尼罗鳄
尼罗鳄是最大的鳄鱼之一。对各种环境的适应使其成为强大的水域捕食者。

肾
保存水分，有输尿管通向泄殖腔。

小肠

结肠

泄殖腔
排泄管、生殖管、消化道共用器官。

单尾嵴

呼吸器官

完全用肺呼吸。除了蛇只有一个肺外，大部分爬行动物都有两个肺。体壁上的肌肉可以产生不同的压力，使气流通过呼吸道（从鼻孔到肺叶）流通。

气流通过肌肉运动进出肺部。龟类可以无氧游几小时，甚至可以通过自己的泄殖腔呼吸。

与两栖动物不同，爬行动物不能通过皮肤呼吸。

如何呼吸
胸膜扩张使得胸腔膨胀，从而将空气吸入肺部。

1 呼气
内部器官收缩，压缩肺部，使空气排出。

2 吸气
骨盆转到下方，压缩腹部和腹肌，引起肺部膨胀。

腹肌

肝脏压缩肺部

空气被排出

因不同压力的作用，肺部吸收和排出空气。

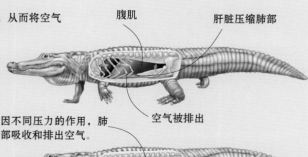

保护

爬行动物皮肤表面没有羽毛，而是由鳞片裹覆，这些鳞片由一层厚角质素（由一种纤薄物质构成）组成，一般情况下，鳞片层层覆盖。有时会根据鳞片的数目和组合方式划分爬行动物。

皮肤

爬行动物的皮肤不可渗透，能够防止水分流失，使它们能够适应陆地生活。皮肤由表皮和内部真皮构成。真皮层有色素细胞，使其皮肤带有色彩。外部表皮由一种名为角质素的角质物质构成，鳞片层便源自这种物质。有些爬行动物会周期性地换皮。换皮频率取决于它们的年龄（年龄越小，周期越短）和周围的环境。

鳞片的发育

蜥蜴和蛇的皮肤上出现突起时，便开始发育鳞片。鳄鱼和龟类的表皮变硬时，开始发育鳞片。

爬行动物

表皮层生有鳞片，这些鳞片构成了一个紧密相连的表膜，不可拔除。

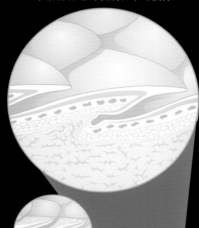

鱼类

鳞片是真皮层出现的骨质结构。

100

蟒蛇一生可蜕100次皮。

表皮
真皮

1 皮肤由表皮和真皮构成。

2 各个真皮细胞发育情况不同。

3 表皮会分泌丰富的角质素，然后逐渐变硬。

4 真皮层变薄，皮肤上出现新的紧密相连的鳞片。

换皮

随着它们的不断成长，会出现换皮现象，

各式鳞片

种类不同，鳞片的样子也不同：螺纹状，无花纹，龙骨状。

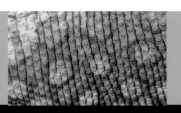

保护

一些爬行动物美丽的皮肤使其陷于危险——经常会被猎人追踪。

换皮

新的表皮会替换之前的表皮。蛇的换皮现象非常明显，龟类和蜥蜴则逐渐地一步步换皮。

爬行动物的皮肤

龟壳上为已换的鳞片，覆有新的角质素层。

乌龟

很多种类的鳞片下有名为皮骨的骨质层。

鳄鱼

它们一生都长有鳞片，这些鳞片会随着它们的成长而逐渐长大。

蜥蜴

成长

有时鳞片和表皮会因一些特定的功能而发生变化。

结节
尾巴上会出现结节和保护刺。

嵴
脖子、腰和尾巴上的嵴可用来判断其性别。

旧皮

蛇蜕皮时，会脱下一整条完整的旧皮。

开始

从头部开始蜕皮，然后是身体的其他部分。

尾巴
响尾蛇的角质环是由尾巴上的鳞片构成的。

支撑
壁虎脚趾垫上的鳞片变化使它们更具黏附力。

伪装

有些爬行动物的色素细胞与中枢神经系统相连，使它们能够对光、温度和不同的视觉冲击做出相应的反应。

变色龙的皮肤

变色

起源和分类

爬行纲目前有 4 个目，可以分为两个亚纲或谱系，它们的区别在于颅骨上部是否具有颞颥孔：无孔亚纲以今天的龟类为代表，双孔亚纲包括鳞龙次亚纲（蜥蜴、蛇、蚓蜥和喙头蜥）和初龙次亚纲（鳄鱼）。几百万年来，这些爬行动物逐渐演化出具有抵抗力的鳞片皮肤、强壮的四肢、强大的肺活量，并进行体内受精。

起源

地球上最早的爬行动物出现在 3 亿多年前的古生代石炭纪，是从一些两栖动物中进化而来的。已知最早的爬行动物为林蜥，和现在的蜥蜴相似，包括尾巴身长约 20 厘米，但和现代蜥蜴不同的是它们属于无孔亚纲，即头骨无颞颥孔。然后，在距今 2.5 亿年到 6500 万年间的中生代，爬行动物的种类才越来越丰富，在地球上分布广泛。在这个"爬行动物统治时期"，有 23 个目的物种，包括著名的恐龙（"恐怖的蜥蜴"），1871 年其发现者——著名的英国解剖学家理查德·欧文将它命名为恐龙。

进化

在进化过程中，它们曾生活在不同的环境中。翼手龙是最早的会飞的脊椎动物，鱼龙和之后的蛇颈龙能够在水中活动。

恐龙，包括初龙，出现在大约 2.3 亿年前的三叠纪。阿根廷龙和南方巨兽龙是生物史上最大的陆地动物。在 2 亿年前的侏罗纪时期，恐龙的种类众多，同时也出现了其他的生命形式，如早期的蜥蜴。

陨石坠落极可能是引起大型爬行动物灭绝的原因。只有现存的 4 个目在大灭绝中幸存下来，构成了爬行纲：龟鳖目（包括海龟、淡水龟和陆龟，身上覆有甲壳，包括背部甲壳和腹甲），有鳞目（现存的爬行动物中最大的群体，有 9000 多个物种，包括蜥蜴、蛇和蚓蜥），鳄目（有 24 个物种，包括鳄鱼、宽吻鳄和恒河鳄），喙头目（只包含 2 种分布于新西兰的楔齿蜥，外表类似于蜥蜴）。

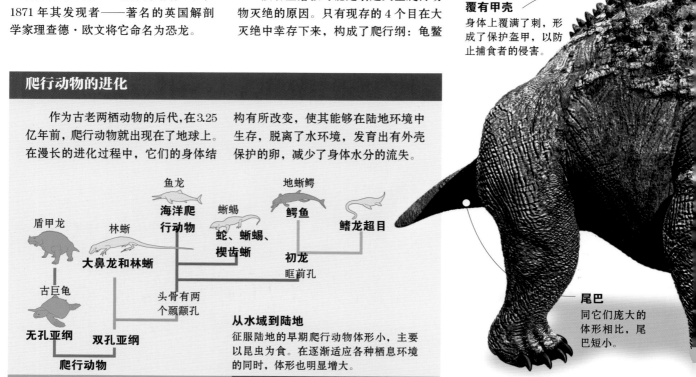

覆有甲壳
身体上覆满了刺，形成了保护盔甲，以防止捕食者的侵害。

尾巴
同它们庞大的体形相比，尾巴短小。

爬行动物的进化

作为古老两栖动物的后代，在 3.25 亿年前，爬行动物就出现在了地球上。在漫长的进化过程中，它们的身体结构有所改变，使其能够在陆地环境中生存，脱离了水环境，发育出有外壳保护的卵，减少了身体水分的流失。

鱼龙
海洋爬行动物
地蜥鳄
蜥蜴
盾甲龙
林蜥
蛇、蜥蜴、楔齿蜥
鳄鱼
鳍龙超目
大鼻龙和林蜥
初龙
眶前孔
古巨龟
头骨有两个颞颥孔
无孔亚纲
双孔亚纲
爬行动物

从水域到陆地
征服陆地的早期爬行动物体形小，主要以昆虫为食。在逐渐适应各种栖息环境的同时，体形也明显增大。

古老的物种

　　除了恐龙外，还有很多大型爬行动物如今已经灭绝。它们中的很多物种体形都非常庞大，这是过去生活在地球上的爬行动物的一个典型特征。

大海龟
古巨龟是一种巨大的海洋爬行动物，长4.6米。生活在7500万年前的北美洲。

海生鳄
地蜥鳄是海生鳄的一种，它是非常危险的捕食者。长3米，生活在侏罗纪末期的如今智利所在地。

牙齿
牙齿小且分布不规律，能够咬断很多东西。

盾甲爬行动物
盾甲龙为草食动物，生活在3亿年前的如今俄罗斯所在地。它们的四肢粗壮，在松树或杉树林中沉重地移动。

前肢
四肢同它们的身体相适应。行动缓慢。

分类

无孔亚纲		
龟		
目：龟鳖目	科：13	种：317
曲颈龟		
亚目：曲颈龟亚目	科：10	种：238
侧颈龟		
亚目：侧颈龟亚目	科：3	种：71

鳞龙次亚纲		
蜥蜴、蛇、蚓蜥		
目：有鳞目	科：51	种：9073
蜥蜴		
亚目：蜥蜴亚目	科：20	种：5461
鬣蜥、变色龙、变色蜥等		
下目：鬣蜥下目	科：3	种：1067
壁虎科		
下目：壁虎下目	科：7	种：1381
石龙子等		
下目：石龙子下目	科：7	种：2258
蛇蜥、鳄蜥等		
下目：复舌下目	科：3	种：126
盲蜥		
下目：盲蜥下目	科：1	种：22
巨蜥、希拉毒蜥		
下目：巨蜥下目	科：3	种：76
蛇		
亚目：蛇亚目	科：21	种：3422
游蛇和其他水蛇类		
超科：瘰鳞蛇超科	科：3	种：1067
管蛇和盾尾蛇		
超科：盾尾蛇超科	科：3	种：62
蟒蛇及相近的科		
超科：蟒超科	科：3	种：29
蚺蛇		
超科：蚺超科	科：1	种：51
蝰蛇、银环蛇、响尾蛇等		
超科：蝰蛇超科	科：7	种：2736
盲蛇		
超科：盲蛇超科	科：3	种：513
侏儒蚺蛇及其他一些未归入任何超科的蛇类		
	科：3	种：28
蚓蜥		
亚目：蚓蜥亚目	科：6	种：181
楔齿蜥		
目：喙头目	科：1	种：2

初龙次亚纲		
鳄鱼、宽吻鳄和恒河鳄		
目：鳄目	科：1	种：24

数据来源：爬行动物数据库

繁衍后代

对陆地环境的适应对于爬行动物来讲，是一个巨大的进步，它们的卵能够避免脱水，可以为胚胎提供足够的营养。大部分爬行动物都为受精繁衍，一小部分蜥蜴和蛇可以单性繁殖，即无性繁殖。

物种的延续

同两栖动物相似，爬行动物可不经历幼虫阶段，直接发育；采取体内受精。这两个特点是它们为适应陆地生活而进化的有力证明。此外，大部分种类都为卵生。有些科或种为胎生或卵胎生，但并不常见，如蚺蛇。这两种繁衍方式与缺水或低温的生存条件有关。

雌性生殖器
由一对卵巢和输卵管构成，输卵管外表由卵巢系膜包裹，一种带有细褶皱的腹膜起到支撑和保护输卵管的作用。卵经泄殖腔排出。

输卵管
卵巢
肾
白蛋白
卵黄
输尿管
泄殖腔

卵生

大部分爬行动物通过带有羊膜的卵繁衍后代。这种叫作羊膜的细胞膜可以保护胚胎，里面含有羊膜液，模拟水域环境，类似于胎生，比如哺乳动物的繁衍。

50 个幼体

森蚺可以通过卵胎生的形式繁殖50 个幼体。

豹纹陆龟的孕育

1 发育成长

胚胎在卵内发育，孵化期的长短取决于其种类和巢穴内的温度。一般持续6~12 天。

2 破壳而出

为了能够顺利出生，它们有击破外壳的"卵齿"。蛇一般需要2~3 天就可以出生，而蜥蜴和龟类则需要8~15 天。

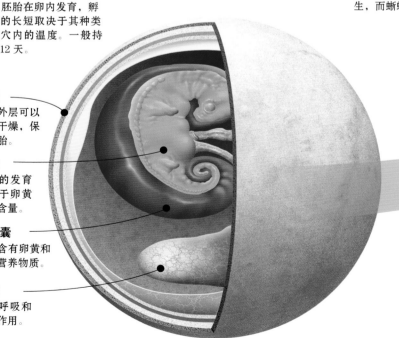

外壳
这一外层可以避免干燥，保护胚胎。

胚胎
胚胎的发育取决于卵黄囊的含量。

卵黄囊
内部含有卵黄和一些营养物质。

尿囊
具有呼吸和排泄作用。

卵齿
卵齿是一种突出来的坚硬角膜物质，恰好可以用来击破卵壳。

威胁
幼体经常容易被捕食
者捕获。

征服
卵生动物的习性是其对
环境的关键性适应，使
它们可以在陆地上定居
生活。

卵胎生爬行动物
卵在雌性身体内部孵化，一
直到幼体破壳而出。幼体在
羊膜卵内发育成熟后出生。
母亲并不负责为这些幼体提
供食物。

4 离巢
幼体一般不需要父
母帮助就可以离巢，除
了某些鳄鱼，父母会用
嘴移动幼体，将其放入
水中。

豹纹陆龟
（ *Geochelone pardalis* ）

嘴
上颌有角状尖刺，可
以用来撕咬猎物。

森蚺
（ *Eunectes murinus* ）

背
由5排坚硬的甲壳构成。

3 幼体通过这一过程出壳：
包括破壳和出壳。

脚
刚出生，就用四
肢爬到水中或者
庇护所中。

龟壳
从脊椎和肋骨
中发育出来。

15 天
乌龟的卵齿在出生15天
之后便会脱落。

卵的坚固性
种类不同，卵的外壳的硬度
也不同，同时也会受母体生
理状况的影响，母体或多或
少会为卵提供钙质。

硬　　　软

胎生爬行动物
母体通过胎盘给胚胎提供营养，然后分
娩出已发育成熟的幼体。胎生蛇类的胎盘由
胎外细胞膜构成，确保胚胎能够从母体获得营
养物质，发育成熟后出生。

奥地利滑蛇
（ *Coronella austriaca* ）

行为

雄性科莫多巨蜥是世界上最大的蜥蜴，它们经常利用自己灵敏的嗅觉，独自在领地上巡逻觅食。与之相反，变色龙的嗅觉很差，但是它们有又大又黏的舌头和敏锐的视觉，这使它们不用移动头部就能够拥有 360 度的视野范围。和所有的生物一样，爬行动物也表现出了卓越而迷人的适应性行为。

行动

尽管"爬行动物"指的是爬行（即将腹部贴到地面向前移动）的意思，但是很多种类有其他的移动方式，甚至可以称得上行动敏捷的"跑步者"。如山飞蜥（*Agama stellio*）可以在 0.2 秒内从休息状态加速到 10 千米／时。

在水中

有些爬行动物可以潜入水中，在河流、湖泊或海洋中活动。海龟的前脚就像桨一样可以向前滑行，而后脚相当于方向舵，可以掌握方向。鳄鱼靠尾巴的支持和有规律的摆动在水中前行，速度可达到 15 千米／时。海蛇（海蛇科）尾巴较宽，样子类似于船桨，它们的肺部比较开阔，像利用氧气管潜水一样，可以在水中停留甚至 2 小时。

在树上

变色龙的脚趾可以绕在树枝上，将其紧紧地抓住。

在空中

天堂金花蛇（*Chrysopelea paradisi*）因其肋骨的扩张，可以在树枝间穿梭逃生或者捕食。伞蜥的皮肤上有大的褶皱，使它们可以滑翔几十米。

在地下

蚓蜥（或者盲蛇，和土壤中的蚯蚓相似）像拉手风琴一样摆动身体在地面挖洞。因为在漆黑的地下，不需要视力，它们的视觉已经退化。

致命毒液
响尾蛇，如东部菱背响尾蛇，在面对威胁时会进行攻击。它的毒液可以致人死亡。

敢于冒险的蜥蜴
加拉帕戈斯陆鬣蜥爬行1400 米，一直到火山口，然后再爬行900 米，在火山内部筑巢。

加拉帕戈斯陆鬣蜥
（*Conolophus subcristatus*）

捕食和自我保护

　　肉食性爬行动物捕食猎物的方式多种多样。一些水生龟类快速地移动自己长长的脖子捕食。很多蛇，如蟒蛇和蚺蛇，通过收缩身体使猎物窒息而亡。鳄鱼会攻击到水边饮水的大型猎物，利用上下颌咬合捕获猎物，然后在水中旋转将其撕碎。为了自我保护，乌龟会躲到自己的龟壳中，不让身体柔软的部分暴露在外。眼镜蛇会将毒液喷射到 3 米远的地方，它们的毒液能让追踪者暂时性失明。

领地意识

　　爬行动物具有领地意识，尤其是蜥蜴和鳄鱼，雄性经常会标明和守卫自己的领地，但经常会允许雌性在自己的地盘上活动。它们会通过直接战斗或发出恐吓对手的信号（更为常见）来守卫自己的领地。在恐吓信号中最为突出的是扩张喉部、直立背部的嵴或者变色。在很多种类的巨蜥中，争夺领地的雄性会后肢站起来互相推搡使对方摔倒。有时爬行动物除了保卫自己的领地外，也会向新的地域扩张自己的领地。领地的扩张同食物的丰富性成反比（当食物匮乏时，动物需要占领更大的地盘）。

徙而迁移，如澳洲水岩蟒（*Liasis fuscus*）：在雨季，为了不失去它们最喜欢的美食会爬行 12 千米，跟随黑鼠的踪迹。

恐吓性姿态
伞蜥会展开头部周围的宽大褶皱使自己显得更加庞大，以恐吓攻击者。

迁徙

　　爬行动物会进行迁徙，一般指从觅食地到筑穴地。最具代表性的例子是海龟。比如，雌性蠵龟（*Caretta caretta*）生活在世界各地热带和亚热带的海岸边，它们会在繁殖期进行远距离迁徙，一般每 3 年进行一次大迁徙。1985 年，一只蠵龟从冲绳（日本）迁移了 1 万千米，用时 2 年 4 个月，出现在圣迭戈加利福尼亚的海岸上。其他大部分爬行动物，都只是进行短距离的迁移，几乎不超过 20 千米。一些蛇类会成群进行季节性的迁徙，从觅食地到冬眠地，如束带蛇（*Thamnophis sirtalis*），冬季来临时，会爬行 1~10 千米聚集在过冬地。相反，其他蛇类会跟随食物的季节性迁

鳄鱼的疾驰

　　至少有 6 种鳄鱼（包括尼罗鳄和澳大利亚鳄）可以像兔子一样有节奏地交替移动前后肢，向前奔驰。在 20~30 米内速度可以达到 17 千米／时，最高速度可达 60 千米／时。

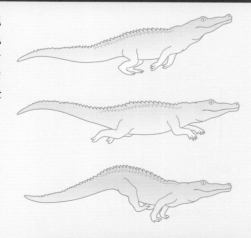

鳄鱼的方式
同兔子一样，某些鳄鱼可以移动后肢向前推动以助奔跑。

龟

龟在 2 亿年前开始出现在地球上，甚至比恐龙出现的年代还要早。从一开始到现在，它们并没有很大的变化。在现存的 200 多种龟中，有些完全生活在陆地上，而有些则生活在淡水环境或咸水湖及海洋中。

解剖结构

龟的种类很多，有体长不超过 8 厘米的南非微型斑点龟，也有长达 2 米的巨型龟。所有的种类都具有一系列的解剖学和形态学特点，其中最突出的就是它们都带有龟壳。大部分龟在遇到危险时会把头和四肢隐藏到龟壳内。

骨骼

龟的骨骼同其他脊椎动物不同。肩胛骨位于胸腔内部，肋骨同背部连接。因为这一解剖结构，胸部不能扩展，从而影响呼吸系统。因此，很多种龟能够通过可输送血液的口腔上皮、咽部或皮肤直接吸收氧气。龟的嘴呈尖角状，颌骨非常坚硬，尤其是肉食性龟类。没有牙齿，但是有些种类的龟具有一系列的隆突，起着与牙齿类似的作用。

四肢

四肢因不同的栖息环境而有所变化。淡水龟有完整或部分蹼足，有趾间膜，这一特点利于其在水中活动。海龟的四肢进化为脚蹼：前肢用来向前推动，后肢相当于舵。陆地龟的四肢很短，且隐藏得很好，多数情况下适于挖掘深的洞穴。比如，哥法地鼠龟（*Gopherus polyphemus*）可以在地下挖 10 米深的隧道。

皮肤

四肢和头部皮肤上覆盖着与其他爬行动物类似的鳞片。海龟和陆地龟的鳞片比淡水龟厚。这一覆皮由角质素细胞组成，不可渗透，像壁毯般分布在皮肤上，并且同其他的爬行动物一样，会周期性地换皮。但是乌龟不会像蛇一样一次性完整地换皮，而是分区域逐步换皮。

保护

根据把头藏入龟壳内的方式，可以将其分为两类：一种为曲颈龟，喜欢将颈部折叠，然后按照身体纵向轴将头部缩到壳内；另一种为侧颈龟，它们将头部隐藏到龟壳侧面。

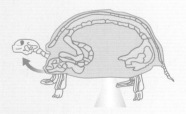

曲颈
曲颈龟亚目的龟科动物喜欢将头部缩到壳内，脖子折成直立的 "S" 形。加拉帕戈斯象龟就属于曲颈龟亚目。

侧颈
侧颈龟亚目包括蛇颈龟和非洲侧颈龟。格兰查科水龟属于侧颈龟亚目。

脖子
所有的乌龟都有 8 节颈椎骨。

胸带

龟腹甲
呼吸时，吸入和呼出空气会受腹甲硬度的限制。

龟壳

用来保护身体柔软部分的龟壳分为两部分：背甲和胸甲。两者通过前后肢间的骨桥相连。龟壳可以看到的部分为鳞甲、角膜鳞片或革质皮，因不同的种类而有所变化。龟壳由内部骨质板结构同脊椎相连。淡水龟或海龟的龟壳更为扁平，且具有流体动力学特点，陆地龟的龟壳呈穹顶状。

骨质背甲
骨壳内部由相连的肋骨和脊椎构成。这一骨化结构可以保护四肢、其他骨头和内脏。它们的前肢和后肢以及头部都可以缩到这个骨质甲壳内部。

皮肤背甲
标准的龟壳表面最少由38个小块构成：8块脊椎甲，8块与脊椎甲相连的肋甲，22块边缘盾片。

射纹龟
（*Astrochelys radiata*）
龟壳特别突出，颜色引人注目：黑色的底色上有一系列黄色的辐射状条纹。

角质素
角质素是一层覆盖在表皮上的角质蛋白，它增加了龟壳的硬度和抵抗力。

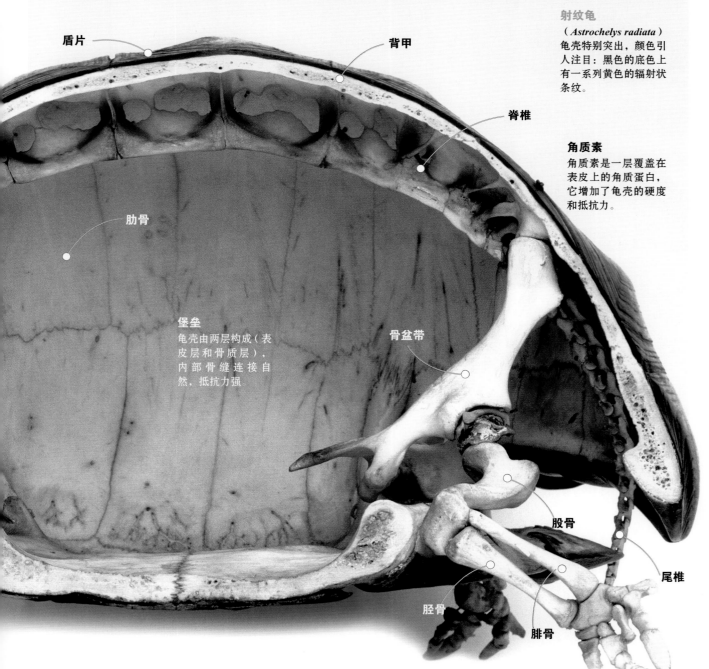

盾片

背甲

脊椎

肋骨

堡垒
龟壳由两层构成（表皮层和骨质层），内部骨缝连接自然，抵抗力强

骨盆带

股骨

尾椎

胫骨

腓骨

行为

陆地龟爬行缓慢，但是水生龟是非常敏捷的"游泳者"。除了缩到自己的壳内之外，它们还有其他的自我保护方法，如咬和抓。有些种类会冬眠，而有些会在夏天休息。繁殖期间，它们会有守卫自己领地的行为。在沙质土壤中挖洞筑巢，产卵之后会离开巢穴。饮食多样化。海龟会进行长达数千千米的迁徙。

繁殖

龟5~7岁时性成熟。雄性通过撞击龟壳或撕咬来追求雌性。

行为特点

行走缓慢是陆地龟的显著特点。其实，尽管它们的腿非常短小，并且带有龟壳，但在移动时，仍然很灵活，可以跑动。生活在水中的龟一般都是出色的"游泳者"，如棱皮龟的前肢呈桨状，使它们每年可以游行几千千米。大部分水生龟的脚趾间都具有膜状物，在游动时可排开更多的水。

然而，泥龟并不擅长游泳，它们经常在河床和湖畔活动。为了免遭捕食者的侵袭，它们会将头部和四肢藏到龟壳内。龟的另外一种自我保护的方法是分泌尾部油脂——一种味道极其难闻的分泌物。它们的撕咬也非常有力，尽管没有牙齿，它们嘴中的角质尖角却非常锋利。它们同样也可以使用爪子。

迁徙

海龟为了觅食和繁殖会进行长达数千千米的迁徙。它们会根据陆地磁场和洋流中的化学物质进行迁徙。

棱皮龟
（*Dermochelys coriacea*）

一般来讲，水生龟最常用的保护策略是迅速游走，当它们在岸边时，会猛地潜入水中。一些龟在繁殖期间或者食物匮乏时，会有捍卫自己领地的行为。这一行为在雄性陆地龟间非常突出。

居住在寒冷地区的龟会进行冬眠，而生活在半干旱和热带地区的龟进行夏眠。这是一种生理学反应。在这段时间内，龟会像其他动物进行冬眠时一样，停止所有的活动，来应对危险的干旱和高温。

繁殖

和其他爬行动物相比，海龟的性成熟较晚。发情期是季节性的，通常雄性会通过撞击龟壳和撕咬来追求雌性。用后脚挖洞，并通过自己的尿液使土壤变软。巢穴呈瓶状，根据种类的不同，有些巢穴的深度可达到 1 米。每年产 4 次卵。卵一般埋在沙质土壤、海滩或林区软质土层中。不同的龟产卵的数量不同，一般为 1~120 枚。龟的性别不是在受精期决定的，而是在孵化期，可能是受温度的影响。一般会同时出生。有些即将成熟的幼体会在卵内继续待一段时间，直到气候条件适宜时才破壳而出。幼龟用角状齿击破卵壳，之后这些"牙齿"会很快脱落。

饮食

龟的饮食多样，根据种类和栖息环境不同可分为肉食、草食或杂食三种。

陆地龟是机会主义者，可以吃植物、水果、节肢动物甚至腐肉。有些种类在生命的初期，需要比成年龟更多的蛋白质，因此多为肉食性。幼年期过后，它们的主要食物会变为植物和水果。

淡水龟则以昆虫及其幼体、软体动物、甲壳纲动物和鱼类为食，同样也会吃小型哺乳动物和水生植物。海龟在青年和成年期基本以肉为食，包括海绵、珊瑚、海蜇、甲壳纲动物、软体动物和鱼类。只有少数种类，如黑海龟和绿蠵龟，为草食动物，它们的消化系统中有能够消化纤维素的细菌。

海洋食谱

海龟的饮食是多样化的，海龟有草食、肉食和杂食三类，每一种都在它们 1.5 亿年间的演化过程中发育了适于吞食和咬碎各种食物的嘴。更新奇的是，有些龟在其一生中会改变饮食习惯。比如绿蠵龟，刚开始为肉食动物，之后随着不断成长，多以藻类植物为食。

边缘锋利的嘴
绿蠵龟（Chelonia mydas）的嘴边缘锋利并带有锯齿，可以撕碎植物，如海藻和其他海草。有时也会捕食小鱼和甲壳纲动物。

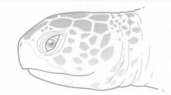

坚硬的颌骨
蠵龟（Caretta caretta）的颌骨发育完全且非常坚硬，嘴较厚，利于咀嚼坚硬的食物，如软体动物和甲壳纲动物的外壳。

长嘴
玳瑁（Eretmochelys imbricata）的嘴较长，利于捕食藏在珊瑚丛或岩石层中的动物，如海绵、被囊类动物、软体动物和甲壳类动物。

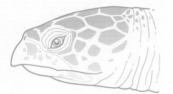

钩状嘴
棱皮龟（Dermochelys coriacea）的嘴呈钩状，薄而锋利，适合捕食软软滑滑的生物，如海蜇。

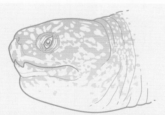

嘴
龟没有牙齿。一般会利用上下颌外面的一层类似鸟喙的角质尖状突出把食物撕碎。

曲颈龟

门:	脊索动物门
纲:	蜥形纲
目:	龟鳖目
亚目:	曲颈龟亚目
科:	10
种:	238

曲颈龟颈部较短，一般将脖子折成直立的 S 形，从而把头部缩到龟壳内。该亚目是海龟目中演化最为成功的种类，包括 200 多个物种，分布在海洋、河流、湖泊和水库中，适应了半湿润甚至沙漠环境。

Chelydra serpentina
拟鳄龟

体长: 20~50 厘米
保护状况: 未评估
分布范围: 加拿大南部到厄瓜多尔

坚硬的爪子
脚呈掌状，爪子又长又坚硬。尾长，并呈锯齿状。

结节皮肤
该物种的脖子、脚和尾巴上带有不计其数的角质结节。

暗色龟壳
龟壳从棕色或焦黄色过渡到纯黑色。

突出的吻部
嘴和颌骨使它们可以有力而迅速地咬合。

拟鳄龟，史前动物，行为具有攻击性，尤其是离开水面后。龟壳上有 3 条纵向的鳞脊和庞大的盾甲，但是因为头和脚较大，不能全部缩到龟壳内。体色由橄榄绿过渡为棕色。

擅长捕食，并喜欢腐肉，颌骨坚硬，撕咬速度快，使它们可以活捉行动敏捷的猎物，如鱼类、两栖动物甚至鸟类。尽管它们在水中比较温和，但有时也会攻击游泳者。过去因为它们有食腐肉的习惯，人们会利用它们来寻找沉在水底的尸体。

雌性一般在麝香鼠的巢穴中产 20~30 枚卵。雌性可以将雄性的精液一直保留到下一个交配期。

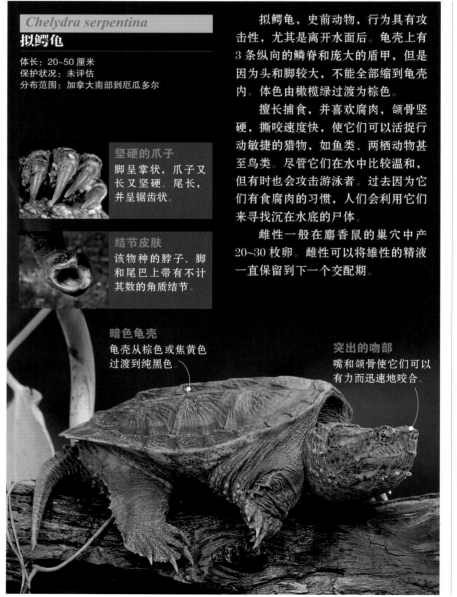

Macrochelys temminckii
大鳄龟

体长: 65~75 厘米
保护状况: 未评估
分布范围: 美国南部

大鳄龟是世界上最大的淡水龟。龟壳为暗棕色，表面不平整，有庞大的盾甲，同腐朽的树干类似。尾巴又长又细。

用枯枝败叶掩藏自己的巢穴。喜定居，龟壳上经常覆满藻类植物，使其在其他水生动物中别具一格。它们是了不起的捕食者，舌头形状和颜色同蠕虫类似，其作用为摆动舌头，充当鱼饵引诱鱼类。

每年产一次卵，平均每次产 25 枚。在距水域 50 米的沙地中筑巢产卵。孵化期持续 100~140 天。11~13 岁时性成熟。

Terrapene carolina
卡罗莱纳箱龟

体长：20 厘米
保护状况：近危
分布范围：加拿大、美国、墨西哥

卡罗莱纳箱龟，体形中等或偏小，龟腹甲上有铰链，可完全闭合，以保护它们免遭捕食者的侵害。因亚种变化，龟壳的颜色和大小不尽相同。杂食性：从昆虫到果实，甚至腐肉及对人类来说有毒的蘑菇，都是它们的美食。成长缓慢：刚出生时，长 3 厘米，7~10 岁时性成熟，体长大约为 13 厘米。

Platysternon megacephalum
大头龟

体长：20~40 厘米
保护状况：濒危
分布范围：中国东南部、中南半岛

被保护的头部
因不能将头"保存"到龟壳内，它们的头部有类似龟壳的硬壳，并且颅顶无孔。

这是最奇特的品种之一。相对于其龟壳来讲，大头龟的体形十分庞大：头部巨大，呈三角形，嘴尖长，腿短且粗壮，尾巴几乎和身体的其他部分一样长。龟壳为棕色，无图案，龟腹甲颜色明亮，有纵向嵴突。生活在小的海岸斜坡，因为它们不擅长游泳。攻击性极强，有夜间活动的习惯，捕食小型两栖动物、鱼类、甲壳纲动物和软体动物。繁殖习惯不详，仅有资料显示产 1~2 枚卵。

Trachemys scripta
彩龟

体长：15~25 厘米
保护状况：近危
分布范围：美国南部、中美洲

红色斑纹
这是彩龟的显著特点

彩龟瞳孔为圆形，但黑色的眼线使眼睛呈椭圆形。几乎可以在任何水域环境中生存：河流、池塘、植物茂盛的沼泽地，它们可以攀爬到植物上晒太阳。其食物包括植物、昆虫、软体动物和两栖动物。被列为世界 100 种最具伤害性的奇异侵略者之一。交配期它们会跳一种非常独特的舞：雄性将其前脚展开，用爪子敲击雌性的头部和颈部，使它们停止游泳，潜入水底

保护盾甲
受到威胁时，彩龟会将头和脚缩到壳内

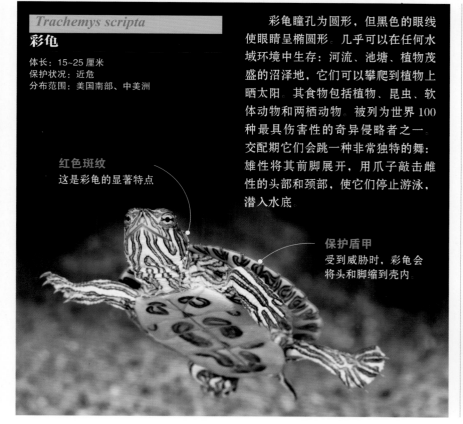

Graptemys pseudogeographica
伪地图龟

体长：15~25 厘米
保护状况：近危
分布范围：美国密苏里州和密西西比河

伪地图龟的龟壳平整，有纵向嵴突，边缘有锯齿状盾甲，因此而得名。后脚呈掌状。需要大量阳光，并且只能短时间内离开水域。杂食动物。在求偶仪式中，雄性（体长是雌性的一半多）看起来像是在爱抚自己的伴侣，在交配前会轻咬它们的脚和脖子。经常会被捕捉当宠物。非法捕猎、环境污染、河流及产卵地的减少使其分布受到了限制。

Chelonoidis nigra
加拉帕戈斯象龟

体长：1.2~1.5 米
尾长：0.6~1 米
体重：250 千克
社会单位：独居
保护状况：易危
分布范围：加拉帕戈斯群岛（厄瓜多尔）

多样性
根据体形、龟壳和尾巴的长度，可分为很多亚种

加拉帕戈斯象龟分布在与厄瓜多尔海岸隔海相望的一个群岛上。那里的海龟是地球上最后的巨型海龟。

历史

几百万年前，在更新世以前或期间，就已经有象龟的近亲生活在除澳大利亚和南极洲外的其他大陆上。如今，这些地区的象龟都已灭绝，只有塞舌尔群岛还有它们的踪迹。

物竞天择和龟

龟壳的样子是达尔文进化论的最好证明。每个岛上的龟都有自己独特的龟壳，龟壳是在物种形成的过程中产生的，这使龟实现了自然分离。

超重
加拉帕戈斯象龟的体重可达400千克，寿命最长的龟可活200年。

濒危的象龟

这种巨型象龟的一些亚种分布在加拉帕戈斯群岛。和其他海龟一样，都面临着令人遗憾的命运：灭绝。象龟的长寿证明，它们的消失并不是因为自然现象，而是由于人类活动：过度捕猎以及外来物种的引进为其带来更多的捕食者和竞争者。

对比
加拉帕戈斯象龟是世界上体形最大的龟，其身高是中型龟（如查科龟）的50多倍。

人类
1.8 米

加拉帕戈斯象龟
1.5 米

查科龟
0.25 米

物种的延续

从交配到出生要经过大约4个月。每次产卵后，雌性的体重会下降20%，它们会花5小时来翻动已经用尿液浸软的地面，并把卵产在其中，然后将其遮起来，一直到幼龟孵化出壳。

1 交配
雄性的行动非常具有攻击性，用脚按住雌性，与其交配。

5 固定的体形
40岁时，虽然还会继续成长，但是速度明显减缓。其寿命可达100多岁。

4 发育
20~25岁时性成熟，具有生育能力，可以交配。

2 产卵
受精之后2个月，雌性每两周产一次卵，产3~8只。受到高温影响的卵出生后为雌性，否则为雄性。

3 孵化
4~8个月后，幼龟一般在晚上出生

龟壳
由周长不断增加的盾片构成。

1000
每只雌性每季可以产1000枚卵，但是只有很少的幼龟能够成活。

保护
坚硬的外壳是其进化的成果，可以保护身体的其他器官。

驼背
使它们可以抬头和伸长脖子。

脖子长且能伸缩
为了将脖子藏到壳内，它们会将其折叠收缩成位于同一纵向平面的"S"形。

桥梁
连接腹甲和背甲。

14 个月
可以连续14个月不吃不喝。

前肢
前肢非常强壮，可以翻动土壤，雄性会利用前肢固定雌龟。

鳞片
四肢覆有鳞片，可以防止水分流失。

爪子
用爪子挖土为卵筑巢。

捕食者和竞争者
加拉帕戈斯象龟面临灭绝的风险，除了因为人类之前的屠杀外，还与幼龟的成活率有关，幼龟经常会遭到人为引进到其原始栖息地的两个物种——黑鼠和猫的侵害。另外，草食性象龟还要同牲畜争夺草地。

人类引进的动物

鼠　　山羊

犬　　猪

Chelonoidis carbonaria
红腿象龟

体长：30~60 厘米
保护状况：未评估
分布范围：中美洲、南美洲

红腿象龟的龟壳为黑色或暗褐色，有橘黄色或橘红色斑点。腹甲为黄色。脚上有耀眼的红色、橘色或黄色斑纹。雄性的体形比雌性大。

白天活动。草食动物，喜欢吃花和红色果实。它们生存面临的最大危险是过度捕猎、人类的乱砍滥伐和农业活动导致的栖息地的丧失。

Pyxis arachnoides
蛛网陆龟

体长：15 厘米
保护状况：极危
分布范围：马达加斯加南部和西部

蛛网陆龟因其突起的黄色和黑色龟壳而独具一格。每块盾甲上都有类似于蛛网的图案。旱季时经常躲藏起来，到了雨季才重新出现。

尽管每年会产 3~4 次卵，但是每次只产 1 枚。

异国风情与危险并存
它们的独特龟壳使其面临着宠物贸易的威胁。

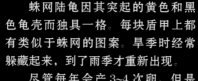

Testudo hermanni
赫曼陆龟

体长：12~15 厘米
保护状况：近危
分布范围：欧洲南部和巴尔干半岛

突起的龟壳
龟壳各个部分呈现出不同的色彩。

赫曼陆龟在陆地上活动，甚至生活在海拔几百米的地方。龟壳非常突出，区域不同则色彩不同。不论是雄性还是雌性，尾端都覆有角膜。主要以食草为生，但是旱季时会吃一些节肢动物、蜗牛和小块腐肉来补充钙质。

繁殖期具有攻击性，交配之后，雌性会进行产卵。因环境破坏、城镇化、非法捕猎和新捕食者的威胁，野生的赫曼陆龟面临着严重的生存危机。其数量每 10 年减少 30%。

Geochelone elegans
印度星龟

体长：25~35 厘米
保护状况：无危
分布范围：印度、斯里兰卡

印度星龟因其美丽和温顺而常常被当作宠物饲养。龟壳非常突出，黑色的底色上分布着很多明亮的星状条纹。草食动物，但有时也会吃无脊椎动物，如蚯蚓和昆虫。春季时比较活跃。

喜炎热气候，降温时会昏睡，但不会冬眠，至少在它们的自然栖息地内不会。有的印度星龟体形庞大，可重达 10 千克。

Cuora amboinensis
马来闭壳龟

体长：20~25 厘米
保护状况：易危
分布范围：东南亚的大陆和岛屿

半水生龟，龟壳色暗，甚至呈黑色，微微突起。腹甲上有关节，面对危险时，可以完全闭合，因此得名闭壳龟。

以植物、节肢动物、软体动物和鱼类为食。不惧怕和人类接触。基本上生活在水中，但是也经常回到地面活动。

发情期时，雄性具有攻击性，求爱时会用力撕咬雌性，经常会使它们受伤。

Sacalia quadriocellata
四眼斑水龟

体长：15 厘米
保护状况：濒危
分布范围：中国南部、老挝、越南

生活在淡水区的半水生龟，一般栖息在山区小溪或树林茂盛的地区。最大的特点是头顶有 2 个或 4 个黄色或绿色的圆形斑纹，状如硕大的眼睛，令人印象深刻。头部为暗棕色或黑色，有黄色条纹，喉部呈红色。龟壳为棕色，轮廓平滑。前肢为粉色或红色。擅长攀爬。以昆虫、蠕虫、水生植物和果实为生。雌性产 2~6 枚白色的卵。

它们在中国面临的主要威胁是龟壳可用于制作药材。目前已经展开育种计划。

假眼睛
头上有2个或4个圆形斑点，看起来像是眼睛。

Carettochelys insculpta
猪鼻龟

体长：55~60 厘米
保护状况：易危
分布范围：巴布亚新几内亚、澳大利亚北部

这是两爪鳖科仅存的龟类，4000 万年前就出现在地球上。龟壳柔软，上覆有一层带斑点的灰色厚质皮肤，鼻孔很大，看起来像猪的大吻部（用来观察环境和觅食）。只有在产卵时才离开水域。游动迅速而流畅；前肢呈桨状，使它们在水中如飞行一般，因此，经常会被当作宠物。它们容易相信他人，且凡事好奇。为杂食动物。

吻部
它们利用吻部觅食、呼吸，潜水时，用吻部吸取氧气

龟壳
龟壳上覆有一层皮质皮肤而不是鳞片

前肢
同海龟类似，呈桨状

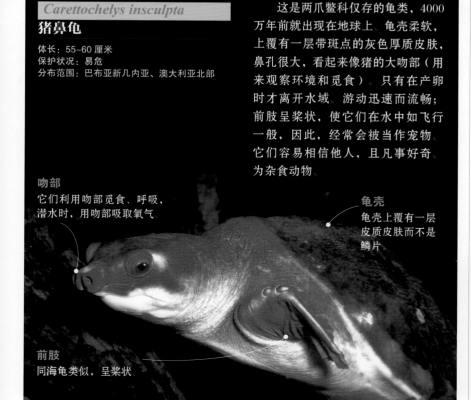

Pangshura smithii
史密斯棱背龟

体长：25 厘米
保护状况：濒危
分布范围：印度（恒河）、巴基斯坦、孟加拉国、尼泊尔

龟壳中间有一条高耸的鳞脊，将史密斯棱背龟分成带有坡度的两部分，看起来像是屋顶。栖居于深水区和海滨沼泽区。脚呈掌状。既可以在水中活动，也可以在陆地生活。经常躲藏在植物丛中，这些植物（如蕨类植物）可以给它们提供阴凉和湿润的环境。杂食动物，擅长游泳，它们面临的最大威胁是人类将其当作可口的美食。

Pelochelys cantorii

鼋

体长：2 米
保护状况：濒危
分布范围：东南亚

鼋是最罕见的品种之一。为了避开捕食者的侵害，它们一生 95% 的时间都藏在水中或沙子里。每天只将头伸出一次进行呼吸。以鱼类、两栖动物和软体动物为食，当发现食物时，它们会伸长脖子将其捕获，吞食速度和变色龙相当。

Trionyx triunguis

非洲鳖

体长：0.3~1 米
保护状况：未评估
分布范围：中东地区、非洲东北部及西部

有皮肤的龟壳

龟壳为栗色，上面有一层皮肤而不是鳞片。

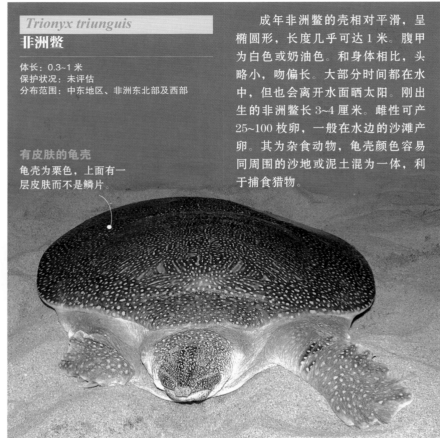

成年非洲鳖的壳相对平滑，呈椭圆形，长度几乎可达 1 米。腹甲为白色或奶油色。和身体相比，头略小，吻偏长。大部分时间都在水中，但也会离开水面晒太阳。刚出生的非洲鳖长 3~4 厘米。雌性可产 25~100 枚卵，一般在水边的沙滩产卵。其为杂食动物，龟壳颜色容易同周围的沙地或泥土混为一体，利于捕食猎物。

Apalone ferox

珍珠鳖

体长：45 厘米
保护状况：未评估
分布范围：美国南部

珍珠鳖为淡水鳖，壳柔软，呈圆形，表面平滑，边缘有一条显眼的黄色线条。脚呈掌状，随着年龄的增长，它们那独具特色的色彩会逐渐褪去。鼻子呈陀螺状，非常独特。长长的脖子，使其不用离开水底就能呼吸。它们大部分时间都生活在水底，只有捕食的时候才离开。没有晒太阳的习惯，只有产卵时才离开水域（一般在春季或夏季产 2~24 枚卵）。

对同类具有攻击性。肉食动物，擅长游泳、追踪和捕食鱼类和两栖动物，有时也吃昆虫和腐肉。

长长的脖子

因为潜水所需，长长的脖子使珍珠鳖不用离开水面就可以呼吸和进食。

Sternotherus odoratus
密西西比麝香龟

体长：12~14 厘米
保护状况：未评估
分布范围：美国东部、加拿大东南部

密西西比麝香龟又名"臭龟"，因其遇到危险时，位于龟壳后部的麝香腺会分泌一种味道难闻的物质，这一自我保护策略使人想到了加拿大臭鼬。

它们体形偏小，几乎一直生活在水中，只有在产卵时才离开水面。龟壳颜色暗淡，有 3 条纵向的鳞脊，边缘有黄色线条。头部呈棕绿色，两侧分别有两条黄色条纹。腹甲偏小，脚呈掌状。不喜欢日晒（夏天会躲到干燥的泥土里），会冬眠。以水生无脊椎动物、昆虫、虾、鱼肉、腐肉和一些植物为食。不像其他龟通过游泳觅食，它们更喜欢在水底爬行捕食。

性别二态性
雄性的尾巴比雌性长很多，末端有无尖的骨质尾刺。

带有浓密触须的下巴
雄性和雌性下巴上都有触须。

微小的腹甲
腹甲很小，不能充当保护四肢的盾甲。

Kinosternon subrubrum
盔头泽龟

体长：10~12 厘米
保护状况：未评估
分布范围：美国东南部

盔头泽龟体形小，龟壳呈橄榄绿色或棕色。腹甲分为互相连接的三部分，使其在遇到危险时可以像盒子一样闭合。杂食动物，夏季一般藏在泥土中。雌性每年产几次卵，一般每次产 3~5 枚。

Kinosternon scorpioides
蝎形动胸龟

体长：15 厘米
保护状况：未评估
分布范围：巴拿马到阿根廷北部

蝎形动胸龟又名水生泥龟或蝎泽龟，每种龟的颜色都不同，使得该属的 19 种龟的辨认更加复杂。

尾端有尾刺，龟壳呈褐色，短而粗，前后两部分间有关节，可以像盒子一样完全闭合。腹甲呈黄色。卵为椭圆形，刚出生的幼龟非常小，和硬币一般大小。脚呈掌状，雄性的尾巴比雌性长很多。

气候条件恶劣时，它们可以躲在壳内长达两年之久，下雨后才会重新出现。以昆虫、死鱼和腐肉为食，并有夜间活动的习惯。在水中求偶并交配。

Staurotypus salvinii
萨氏麝香龟

体长：25 厘米
保护状况：未评估
分布范围：墨西哥南部、危地马拉、萨尔瓦多

萨氏麝香龟又名十字龟或恰帕斯泥龟。龟壳平整，呈棕色，并带有暗色斑点，腹甲颜色明亮，面积很小，身体的大部分暴露在外。脖子很长，鼻子又尖又翘，非常引人注目。擅游泳，生活在不超过 30 厘米深的植物丰富的水域。

旱季时，完全躲在壳内。有夜间活动的习惯，同类间攻击性较小，是肉食动物：以软体动物、两栖动物、鱼类甚至幼鼠为食。颌骨非常有力，擅长撕咬。生活在墨西哥（瓦哈卡州和恰帕斯州）、危地马拉西部和萨尔瓦多。

雌性尾巴比雄性短。每季产 6~10 枚卵，一般在秋季和初冬产卵，孵化期持续 80~210 天。

Chelonia mydas

绿蠵龟

体长：0.8~1.5 米
保护状况：濒危
分布范围：所有热带、亚热带及温带水域

在沙滩中出生

雌性龟花好几个小时在沙滩挖洞，然后在其中产100~200枚卵。

有两个大不相同的亚种：太平洋绿蠵龟一般比大西洋绿蠵龟小，它们的龟壳完全呈黑色。将其命名为绿蠵龟是根据其身体的颜色。

行为和繁衍

雄性会因雌性而相互竞争。交配时，为了和伴侣在一起，甚至会咬伤对手。交配期是它们发声的唯一时期。一般在距离海岸1000米的水下或水面上进行交配。

艰难的生存

雌性产很多卵，但大部分都不能成活。尽管雌性会用沙子将卵遮盖起来，避免它们受到伤害，但是经常会有狐狸、郊狼、老鼠和一些其他动物（包括人类）发现它们的巢穴，并将其卵吞食。

穿越沙滩

为了繁殖后代，它们会长途跋涉寻找沙子丰厚的地区，一般在夜晚向沙滩深处前行。

伟大的游泳者

龟壳精美光洁，鳍有力，因此，绿蠵龟可以在水中迅速游动。它们不断摆动强壮而扁平的鳍足，可以不停歇地游动几周，雌性每次都会穿过一段很长的距离回到同一个产卵地。对于它们如何定位产卵地，我们尚未找到准确的答案，大部分人认为是和陆地磁场有关。

栖息地

绿蠵龟偏爱炎热的水域，因为此地有成年龟食用的红树根和叶子。幼龟为半肉食性，以软体动物、海蜇和海绵为食。

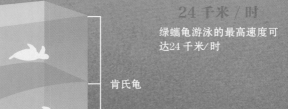

肯氏龟

70 米
绿蠵龟

1200 米
棱皮龟

24 千米 / 时
绿蠵龟游泳的最高速度可达24千米/时

小头
同身体的大小相比，它们的头很小，不能藏到壳内。

与众不同的面部
脸上有一对额骨鳞片，下颌呈齿状。

鳍
四肢变成了桨状鳍，游泳时发挥重要作用。

皮肤颜色
一般为棕色或黑灰色。

弓形爪
交配时，雄性利用弓形爪固定雌性。

体形对比

不同的海龟，体形大小不同，从最小的肯氏龟到巨型棱皮龟。同一窝鸟龟的成长速度也不尽相同，会受到栖息环境、气候和饮食的影响。

肯氏龟
65 厘米

玳瑁
90 厘米

蠵龟
110 厘米

绿蠵龟
140 厘米

棱皮龟
180 厘米

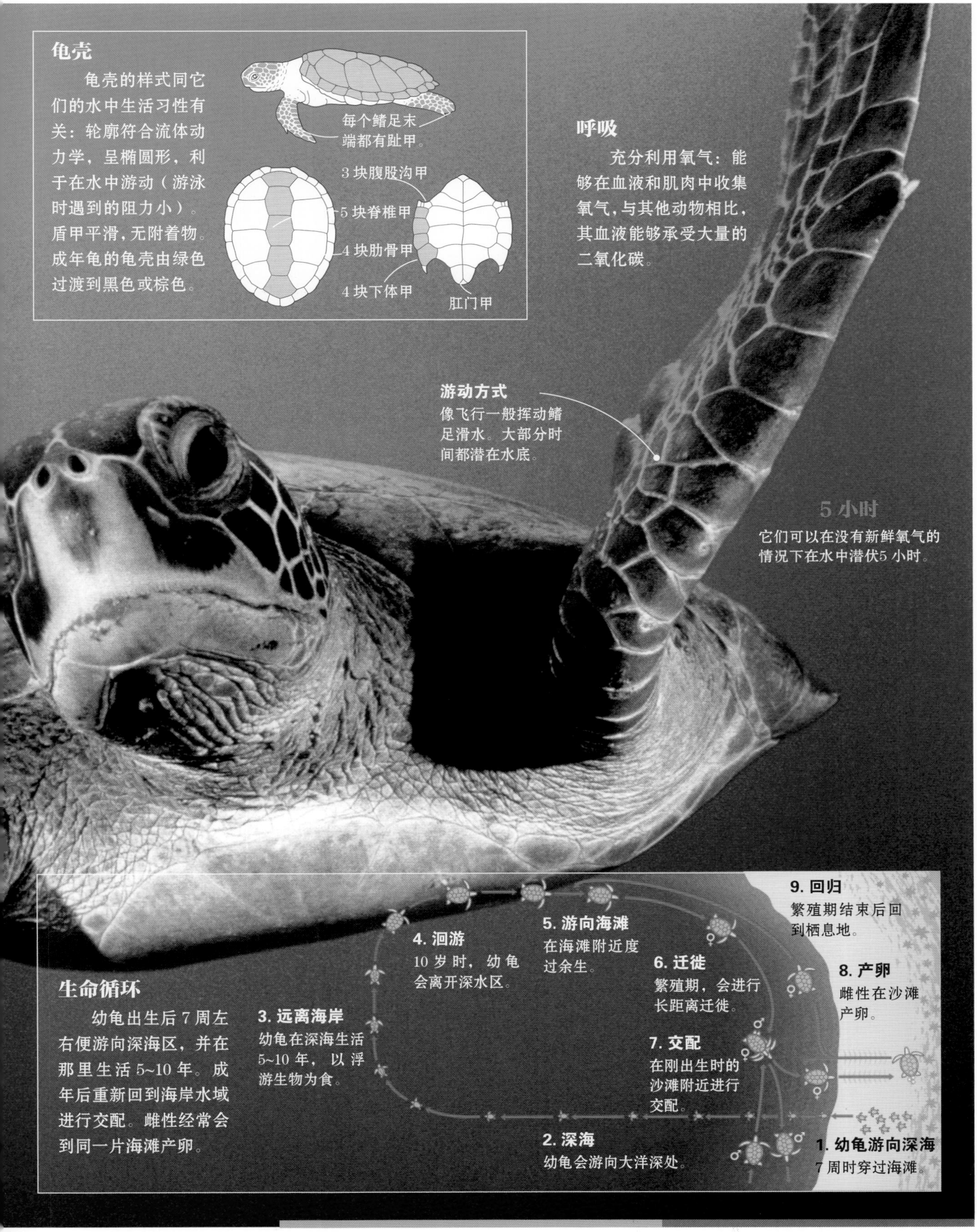

龟壳

龟壳的样式同它们的水中生活习性有关：轮廓符合流体动力学，呈椭圆形，利于在水中游动（游泳时遇到的阻力小）。盾甲平滑，无附着物。成年龟的龟壳由绿色过渡到黑色或棕色。

每个鳍足末端都有趾甲

3 块腹股沟甲

5 块脊椎甲

4 块肋骨甲

4 块下体甲

肛门甲

呼吸

充分利用氧气：能够在血液和肌肉中收集氧气，与其他动物相比，其血液能够承受大量的二氧化碳。

游动方式

像飞行一般挥动鳍足滑水。大部分时间都潜在水底。

5 小时

它们可以在没有新鲜氧气的情况下在水中潜伏5 小时。

生命循环

幼龟出生后 7 周左右便游向深海区，并在那里生活 5~10 年。成年后重新回到海岸水域进行交配。雌性经常会到同一片海滩产卵。

3. 远离海岸
幼龟在深海生活 5~10 年，以浮游生物为食。

4. 洄游
10 岁时，幼龟会离开深水区。

5. 游向海滩
在海滩附近度过余生。

6. 迁徙
繁殖期，会进行长距离迁徙。

7. 交配
在刚出生时的沙滩附近进行交配。

9. 回归
繁殖期结束后回到栖息地。

8. 产卵
雌性在沙滩产卵。

2. 深海
幼龟会游向大洋深处。

1. 幼龟游向深海
7 周时穿过海滩。

Lepidochelys kempii
肯氏龟

体长：60~70 厘米
保护状况：极危
分布范围：美国和墨西哥附近的大西洋水域

肯氏龟是最小的海龟，面临着灭绝风险。一般在墨西哥湾和美国西海岸的大西洋水域活动，但是雌性经常在塔毛利帕斯州新兰乔海滩上长达 22 千米的狭窄地带筑巢。

肯氏龟面临的最大威胁是捕虾网（经常会被钩在网上）、水域污染和栖息地的减少。

Lepidochelys olivacea
丽龟

体长：65~75 厘米
保护状况：易危
分布范围：大西洋、太平洋、印度洋的热带和亚热带水域

龟壳
龟壳近似圆形，呈心形。头为三角形。

丽龟会进行迁徙，分布在近 80 个国家的沿海地区。龟壳近似圆形，呈橄榄绿色或咖啡绿色。以螃蟹、虾、海藻、蜗牛、鱼类和小型无脊椎动物为食。为了产卵，成千上万只丽龟夜晚聚集在沙滩上：每季集合 1~3 次，每只雌性每次产 100 枚卵。孵化期持续 54 天左右。尽管它们是数量最大的海龟，但人类及天敌对成年龟的捕杀及对卵的抢劫，已经造成了其数目的急剧减少。

Eretmochelys imbricata
玳瑁

体长：0.6~1 米
保护状况：极危
分布范围：印度洋、太平洋及大西洋的热带水域

玳瑁生活在珊瑚礁附近及平坦海岸边的多岩石地区，一般不深入到水中 18 米以下。主要以海绵为食，包括含有氧化硅的海绵，而这对于其他海洋生物来讲是有毒物质。

因其美丽的龟壳而出名，由很多半透明的盾甲构成，色泽多样，有黄色、琥珀色、红色、棕色和黑色。人们从很久以前就开始捕杀玳瑁，用它们的壳制作装饰品、首饰和眼镜框。

因被捕捞、卵被食用、被渔网误伤、海滩污染和海洋栖息地的破坏等原因，玳瑁如今处于极危状态。

嘴
嘴又尖又弯，上颌隆起。

1000 枚卵

1 只成年龟

Caretta caretta
蠵龟

体长：0.8~1 米
保护状况：濒危
分布范围：大西洋、太平洋和印度洋的热带和
亚热带水域、地中海、加勒比海

年龄
从龟壳的弓形长度可
以看出它们的年龄。

蠵龟喜独居，会进行长距离迁徙，其鳍状肢和特殊的爪子利于进行长距离游动。蠵龟平均长 1 米，但是仍有体形偏大的蠵龟，长度可达 2 米，重约 400 千克。呈棕红色，腹部近似白色。幼龟呈暗棕色。为肉食动物，以软体动物、甲壳类动物和其他无脊椎动物为食。有时也会吃鱼类。在开阔的海域习惯在水面游动，但在沿岸水域则习惯在水底活动。

和其他海龟目动物一样，雌性回到它们出生的海滩或其附近产卵。每只雌性产 35~180 枚卵，幼龟 42~72 天后孵化出壳。求偶和交配在觅食区进行。栖息地尤其是产卵沙滩的丧失，对成年龟的捕杀及对其卵的搜集、捕鱼活动、环境污染等使它们面临着灭绝的危险。据记载，很多蠵龟因误食塑料袋而窒息死亡。

饮食
以软体动物、甲壳类动物和小型鱼类为食。

Dermochelys coriacea
棱皮龟

体长：2 米
保护状况：极危
分布范围：所有的热带和亚热带水域

棱皮龟是最大的龟类，重约 800 千克。已知的进行最长距离迁徙的动物。游行速度可达 24 千米／时，据记载，有的棱皮龟可以游行 5000 千米。

龟壳平滑，狭小，颜色暗淡，微微弯曲，类似于乐器。头不能收缩，靠近脖子，由一层角质鳞片保护。

对其卵的掠夺、捕杀、海洋污染尤其是塑料污染（它们经常把塑料袋同其最主要的食物——软体动物相混淆）是造成它们死亡的重要原因。可以存活近 100 年，雄性从幼年期进入水中后，从不离开水域。

头部
头部不能缩到壳内，有鳞片保护。

龟壳
背甲由几百枚多边形的小骨板镶嵌而成，外覆革质皮肤，无角质盾片

前肢
其前肢比其他种类的龟长很多。

侧颈龟

门:	脊索动物门
纲:	蜥形纲
目:	龟鳖目
亚目:	侧颈龟亚目
科:	3
种:	71

侧颈龟不会将头缩到壳内，而是将脖子折向体侧。科学家们认为该亚目物种是地球上最早的龟类（有侏罗纪末期的化石资料），包括71种水生龟或半水生龟，生活在南半球，尤其是澳大利亚、南美洲和非洲。

Chelus fimbriata
玛塔蛇颈龟

体长: 1米
保护状况: 未评估
分布范围: 南美洲北部

面部特征
有一张独特的管状长嘴。下巴上有触须和细丝，看起来像胡须。

棕色或黑色的龟壳扁平且粗糙；脖子几乎和龟壳的长度等同，侧面突出，呈锯齿状，一直延伸到扁平的三角形头部。前脚有5个脚趾，外表非常干燥。嘴非常宽大，眼睛很小。外表像腐朽的木头，经常待在平静混浊的浅水区底部。以鱼类和蛙类为食。

它们埋伏在水中等待猎物出现，当猎物同它们的嘴处于同一水平线时，其会迅速将其捕获：它们通过强大的吸力将猎物吞食。

交配期间，雄性会张大嘴巴，伸展四肢来吸引雌性。

龟壳
龟壳狭长而粗糙，很容易同枯叶混淆。

Acanthochelys pallidipectoris
刺股刺颈龟

体长: 17.5厘米
保护状况: 易危
分布范围: 阿根廷北部、巴拉圭、玻利维亚

生活在雨量丰富、树木茂盛的地区，经常在植被较少的天然或人工临时浅水区（如小泥塘或农村房舍附近的饲养牲畜的小水库）活动。龟壳为棕色，背部有浅槽或沟痕。在春夏两季活动。

一年的其他时间，当温度和降水量下降时，它们会躲到刺菜蓟丛生的地方或者在其他靠近水流的区域蛰伏，进行短期冬眠。

Mesoclemmys gibba
吉巴蟾头龟

体长: 23厘米
保护状况: 未评估
分布范围: 南美洲亚马孙河和奥里诺科河流域

吉巴蟾头龟的龟壳呈暗棕色，胸甲暗淡，边缘泛黄，一般生活在多沼泽的辽阔草地和湖泊、小溪以及水流缓慢的河流中，喜欢在水流混浊的地方活动，多分布于南美洲热带丛林。

有时会在清晨离开水域晒太阳。当遇到危险时，会分泌麝香味油脂或其他带刺激性气味的物质。以鱼类和一些植物为食。栖息于亚马孙河流域的哥伦比亚、委内瑞拉、厄瓜多尔、秘鲁、圭亚那、巴西以及巴拉圭。一次产1~5枚卵。

Platemys platycephala
红头扁龟

体长：15 厘米
保护状况：未评估
分布范围：南美洲北部

盾甲
通过轻微的突起分离。腹甲为黑色。

红头扁龟为半水生龟，但是不擅长游泳，以两栖动物的卵、软体动物、鱼类为食，离开水域时会吃植物和落果。龟壳平整，头的上半部分呈橘色或黄色，颈部有尖的隆突。

Pelusios adansonii
安氏非洲泥龟

体长：20~25 厘米
保护状况：未评估
分布范围：非洲中北部

安氏非洲泥龟的龟壳中部有鳞脊，并有类似于老虎的暗棕色斑点和条纹。头部较宽，吻短，下巴上有一对触须。生活在非洲大草原的大湖、大河中，一般在温热的浅水区活动。它们生活的地区非常干旱，草长得很矮。

杂食动物，以两栖动物、鱼类、无脊椎动物甚至腐肉为食。擅长游泳，能将自己完全埋在泥土里以度过旱季。腹甲为黄色，比龟壳小很多。雄性尾巴比雌性长。眼睛大且黑，面部有黄色的小斑点，一直延伸到嘴和整个脖子。脚很粗壮，呈掌状。安氏非洲泥龟非常胆小。

Hydromedusa tectifera
阿根廷蛇颈龟

体长：30 厘米
保护状况：未评估
分布范围：巴拉圭、巴西南部、乌拉圭、阿根廷中部和沿岸

阿根廷蛇颈龟的龟壳呈棕色，腹甲为黄色。头部扁平，和脖子一样，两侧有黄色条纹。喜欢底部泥泞且植被丰富的水域。以鱼类、昆虫、两栖动物（及其幼体）和蜗牛为食，同玛塔蛇颈龟一样通过"吸"来捕获猎物，头部的摆动同蛇类似。较为年轻的阿根廷蛇颈龟龟壳上有浮雕花纹，每块盾甲上有小尖角。和其他同类一样，脖子不能缩到龟壳内。

Pelomedusa subrufa
沼泽侧颈龟

体长：40 厘米
保护状况：未评估
分布范围：撒哈拉以南非洲、马达加斯加

沼泽侧颈龟胸部盾甲同腹甲相连，龟壳上有 5 块盾甲，呈灰棕色。前脚有 5 个趾甲，头的前半部分较尖。雄性比雌性体形大很多，尾巴也更粗。杂食动物。栖居在植被适宜的地区，遇到干旱时，可以躲藏到泥土里直到再次下雨。有时会与鳄鱼和大型哺乳动物分享栖息地。有时甚至可以看到有些沼泽侧颈龟在为河马清除寄生虫。

Erymnochelys madagascariensis
马达加斯加大头侧颈龟

体长：50 厘米
保护状况：极危
分布范围：马达加斯加西部

马达加斯加大头侧颈龟是 25 种因人类活动和栖息地减少或分裂而面临灭绝的龟类之一。头部很大（有一个或两个触须），龟壳平整，颜色由橄榄绿过渡到灰棕色。主要以水面上的花、果实和植物的叶子为食。事实上，除了在产卵期，它们几乎不会爬到地面上。据统计，目前仅剩 1000 只（或者更少），只生活在马达加斯加岛的一个小区域内。20 岁后，它们开始交配繁殖。

楔齿蜥

尽管楔齿蜥的外表同蜥蜴相似，但属于不同的种类：头骨后部有两个小孔、一个骨桥以及第三只眼睛，或称"松果眼"，其作用仍存在争议。它们是楔齿目或喙头目的唯一幸存者，在2亿年前曾经和恐龙一起生活过。从1.4亿年前到现在，它们没有明显的进化改变，因此被称为"活化石"。栖息在新西兰的一些小岛上。

门：	脊索动物门
纲：	爬行纲
目：	喙头目
科：	楔齿蜥科
属：	楔齿蜥属
种：	2

活化石
它们的俗名为毛利人所取，在毛利语中，"楔齿蜥"意为"多刺的背脊"，指的是它们背上的一排刺。

来源

在古代，它们的成员在世界各地均有分布。据估计，其体长可达35厘米，以各种草类和昆虫为食。据说有些擅长游泳的楔齿蜥专以鱼为食。它们最早的化石遗骸出现在从三叠纪中期（大约2.3亿年前）到侏罗纪早期（大约1.75亿年前）的岩层中。

该种名称意为"楔形的牙齿"，其上颌比下颌长，这一特点使它们在古时可以与本目其他物种区别开来。但是它们身体的基本结构实际上并未发生变化，如今仅生活在新西兰的一些小岛上。当欧洲人到达大洋洲时，楔齿蜥在当地仍有存活，但数目并不是很多。外来物种的引进，如犬、猪和猫，使它们的数量大大减少。目前，大部分楔齿蜥在基因上都属于同一种，占据支配地位的雄性成长缓慢。

特征

外部特征同鬣蜥科蜥蜴相似，但是仍存在一系列有别于其他爬行动物的特点。无鼓膜和中耳，雄性无外生殖器。头骨结构使得颌骨肌肉附着在骨头上，因此，它们的撕咬非常有力。

保护

同其他的爬行动物相似，孵化地点的温度会影响幼体的性别发育。气候变化加剧会直接影响楔齿蜥的生存，它们将会遭遇灭顶之灾，因为温度的变化会引起性别比例的失衡。

头骨

头骨特点与蜥蜴大不相同。

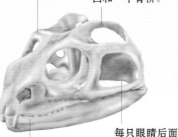

头
与身体相比，头部很大，缺乏听觉系统。

头骨
头骨后部有两个开口和一个骨桥。

牙齿
牙齿并不是单独的结构，而是上下颌骨边缘的延伸。

每只眼睛后面有一个开口。

Sphenodon punctatus

斑点楔齿蜥

体长：40~60 厘米
保护状况：易危
分布范围：新西兰北部的 29 个小岛

曾经生活在整个新西兰地区，因为一个地理事件，斑点楔齿蜥得以避开捕食者的追踪：9000 万年前，新西兰同澳大利亚分离，陆地哺乳动物——其潜在的捕食者无法穿越塔斯马尼亚海峡。但是，如今，最后幸存者的聚集地只占原始栖息地的0.5%，它们生活在没有人类、牲畜和老鼠的一些小岛上。据估算，如今只剩下大约 5 万只野生斑点楔齿蜥。

与大部分爬行动物不同，它们生活在气候寒冷的地区，体温一般为 12~17 摄氏度。无法在高于 25 摄氏度的环境中生存。

喜独居，有夜间活动的习惯。白天在石头上休息、晒太阳（但是温度不能过高），夜晚在巢穴附近捕猎觅食。以蟋蟀、蠕虫、蛞蝓、蜗牛和蜈蚣为食，有时也会吃鸟卵和雏鸟，甚至还会吞食同类的幼蜥，因此，幼蜥一般在白天觅食。最寒冷的时候，会进行冬眠或躲在自己的巢穴中。楔齿蜥 9~13 岁时性成熟，繁殖率很低。

雌性每 4 年进入一次发情期，1~3 月进行交配。它们是唯一一种没有阴茎的爬行动物，和鸟类相同：通过泄殖腔（一种独特的通道，尿液和粪便同样经过此处排出）吸收精液。卵在母体内经过 8~9 个月成形。产卵后再过 12~15 个月出生。

饮食
它们会花很长时间等待猎物出现，其主要食物是新西兰的沙螽或巨型蟋蟀。

刺状峰饰
雄性的峰饰比雌性大。

Sphenodon guntheri

冈氏楔齿蜥

体长：70 厘米
保护状况：易危
分布范围：新西兰岛

有大约 400 只冈氏楔齿蜥生活在兄弟岛上的灌木丛和石头中，一般在海拔 0~300 米的地方活动。几十年来，它们被认定为不同于普通楔齿蜥的物种，其体形更小，腹甲的颜色也略显不同。2010 年发布的一项最新基因研究表明，它们属于同一种类的喙头楔齿蜥（斑点楔齿蜥）。

不同
颜色从棕色过渡到砖红色，有白色或翠绿色斑点，色彩比斑点楔齿蜥亮丽。

蛇

蛇，令人畏惧，携带剧毒，既被人辱骂，又受人钦佩。这是一个由 2700 个物种组成的大团体。它们能够潜水、爬树、挖洞、爬行，令人着迷，在 5 个大陆上均有分布。

一般特征

身体细长，覆有鳞片，无足，体长一般在 10 厘米到 8 米之间，蛇是爬行动物进化的又一成功案例。它们是蜥蜴的后代，有些种类至今仍然可以看出脚的痕迹。不同种类间的结构特点与其各自的栖息环境有关：擅于攀缘的蛇类一般又长又细；擅于挖土的蛇类则又短又粗；而那些能够收缩肌肉的蟒蛇，则通常显得庞大且肌肉发达。

骨骼

由于没有四肢，蛇的骨骼结构比其他脊椎动物简单得多：由头骨、舌骨（位于颈部，充当舌头肌肉的附着物）、脊椎和肋骨构成。只有一些原始的蛇类，如蚺蛇和蟒蛇，有骨盆结构的痕迹，这证明它们的祖先是有足的动物。

蛇类长长的身体里所包含的椎骨数目打破了动物世界的纪录：根据种类的不同，椎骨数目为 130~500 根不等，其中大部分都与肋骨相连，除了尾椎，后者几乎占据所有椎骨数目的 1/5。

最原始的蛇类，头骨很重，牙齿较少。但是大部分蛇类的头骨都很轻，颌骨相连，其他一些特殊的骨结构使它们的嘴能够张得很大，可以完整地吞食比其身体直径大很多倍的猎物。

饮食习惯和额外的毒液注射系统影响了头骨的解剖结构。颌骨上分布着与骨头相连的牙齿，蛇一生中会换很多次牙。牙齿呈向后弯曲的钩状，可以阻止猎物逃脱。

蚺蛇和蟒蛇，同很多游蛇一样，没有注射毒液的毒牙。注射毒液的蛇类占所有种类的 1/4 左右。根据形状和与毒液腺相连的牙齿嵌入颌骨的位置可以将其分为 3 类，即管牙类毒蛇、前沟牙类毒蛇和后沟牙类毒蛇。

蛇的家族

据估算，目前世界上有 2700 种蛇，其中有 319 种是盲蛇。有些种类携带剧毒，而有些则无毒。可以分为 18 个科，其中以下 3 科最为突出。

蝰蛇科
带有剧毒。具有在所有蛇类中最为先进的毒液注射器官。有很长的毒牙。

游蛇科
游蛇属于游蛇科。头部有大块鳞片，一般长 20~30 厘米。

眼镜蛇科
包括眼镜蛇、银环蛇、非洲带蛇等。身体又细又长，带有剧毒。生活在热带和亚热带地区。

内部器官

身体又细又长。食道肌肉不发达，因此，它们通过不断活动上半身肌肉将食物从口中推送至胃部。内脏大部分为肝脏，位于心脏和胃之间。心脏由两个心房和一个心室构成。由于没有膈，心脏的位置可以移动，避免由食道进入的大型食物伤害到心脏。左肺叶因进化明显变小，而右肺叶功能健全。肾位于不同的地方，以便适应狭长的身躯。

皮肤

身体外表附着一层鳞片，避免脱水和擦伤。鳞片或平滑，或呈龙骨状。腹部的鳞片较长，便于在地面爬行和承受内部器官的压力。

皮肤或者说是布满角质素鳞片的外皮会周期性地更换，这一过程叫作"蜕皮"。蛇在其一生中会不断换皮，每次都是一整张完全脱落，就像脱掉长筒袜一样。换皮的频率因种类、环境和年龄而变化，幼蛇几乎每 2 个月换一次皮来促进发育。

射毒器官

蛇的毒液是一种变异的唾液，能使猎物失去行动能力或致命。一般会影响猎物的神经系统、血液和血管组织。毒液一般储藏在位于脑后的特殊腺体组织中，并通过不同种类的牙齿注射毒液。

A 管牙类毒蛇
长而空心的毒牙可以收缩，将毒液注射到猎物的皮肤组织中。

B 前沟牙类毒蛇
前面的毒牙小且牢固，空心，后部有沟痕使毒液流通。

C 后沟牙类毒蛇
沟槽状的牙齿位于颌骨尽头，根部的开口与毒腺连通。

心脏
心室中有不完全封闭的中膈。

肝脏
肝脏扁长，位于食道旁边。

鳞片
全身覆有鳞片。

食道

肺

胃

胆

脾

脊柱

椎骨
有130~500块椎骨。

浮肋
使身体体积增大。

小肠
小肠一直延伸到尾尖。

卵巢
雌性生殖器官。

行为

　　蛇是标准的肉食动物，它们会利用不同的方式来捕获猎物。有些种类身体里有温度感应器或颅窝，位于鼻孔和眼睛之间或者嘴唇周围，可以使它们感知到其他动物身体发出的热量。有能够接收有气味粒子的特殊器官，使它们的嗅觉非常灵敏。在漫长的进化过程中，蛇的行动越来越敏捷。尽管它们没有脚，但是仍然可以以不同的方式快速移动。

移动

　　蛇利用自身的肌肉和鳞片向前移动。它们会根据不同的生存环境采用不同的移动方式。最常见的且最迅速的方式为"蜿蜒"或"横向起伏"：蛇会将自己后半身所有的弯曲和起伏部分推向地面，然后缓缓地向前爬行。这一行动使它们可以获得更快的速度，一般不会超过 13 千米／时。但生活在非洲南部热带丛林里的曼巴蛇爬行速度超过了这一界限，在短距离内速度可达 19 千米／时。

　　"直线移动"是一种缓慢的直线运动，一般体重较大的蛇会通过腹部收缩的方式前行，如蚰蛇和蟒蛇。

　　另外一种爬行方式叫"六角形手风琴式"或"手风琴式"，很多蛇会在巢穴或平滑的地表爬行时使用这种移动方式：像风箱一般，不断伸展和收缩身体，使得与地面接触的部分获得摩擦力，从而推进身体其他部分向前移动。沙漠中的蛇会用第 4 种办法移动：将身体抬离地面，形成螺旋状，然后横向向前移动。它们会根据情况使用上述移动方式中的一种或几种。天堂金花蛇（*Chrysopelea paradisi*）会用另外一种运动方式：它们在树枝间穿行，扩张肋骨，伸展皮肤，从而停留在空中，就好像降落伞一样。

捕猎和自我保护

　　蛇是标准的肉食动物。白天或晚上出去捕猎，或耐心等候猎物出现，不同种类习惯不同。利用视觉、嗅觉或者红外线传感器（有些种类自身带有）确定猎物。除了鼻子上的嗅觉接收器外，还有一种叫作雅各布森的辅助器官，由位于腭部的两个小洞构成。舌头上分布着不同的化学物质，这些物质会被传送到雅各布森器官，而这一器官则会将这些信息输送给大脑，然后大脑会将其转化为不同的气味信息。这就是蛇经常吐舌的原因。

　　根据体形大小，蛇几乎可以毫无例外地整体吞食所有猎物，包括昆虫、蜗牛以及鸟类、啮齿目动物、两栖动物、小型哺乳动物或者其他的爬行动物（如其他蛇类）。还有一些种类的蛇会吃其他动物的卵。

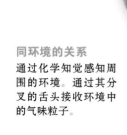

同环境的关系
通过化学知觉感知周围的环境。通过其分叉的舌头接收环境中的气味粒子。

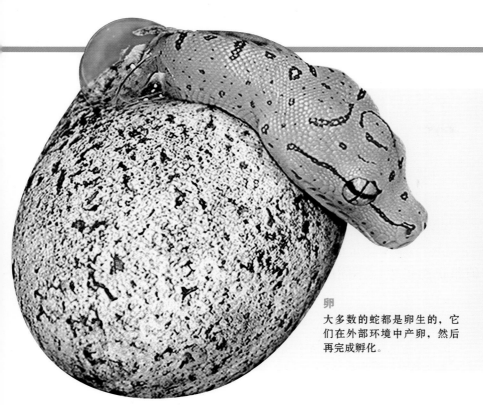

卵

大多数的蛇都是卵生的，它们在外部环境中产卵，然后再完成孵化。

繁殖

大部分蛇是卵生动物：在外部环境中产卵。有些种类，如擅于收缩肌肉的蚺蛇和响尾蛇为卵胎生动物：卵被留在母体内，之后分娩发育成熟的幼蛇。有些雌性会保存精力和充足的食物以度过繁殖期。求偶和雄性间的竞争包括各种表演和搏斗仪式。雌性水蟒会释放信息素来吸引雄性：12~15 条雄性会围在雌性周围，构成一个典型的线团样，大约 2 周之后，只有一条雄性可以同雌性交配。

卡拉细盲蛇（*Leptotyphlops carlae*）是一种位于加勒比岛上的小型蛇类，成年卡拉细盲蛇平均长 10 厘米，主要以白蚁和蚁卵为食。蟒蛇和水蟒体长可达到它们的 100 倍之多，可以吞食鹿和猪。

如果猎物体形偏大，消化会持续几天。这一过程也同周围的气温有关。当亚洲岩蟒（*Python molurus*）在气温为 28 摄氏度时吞食野兔，需要花费 4~5 天将其完全消化；然而，如果是 22 摄氏度，则需要 1 周的时间；18 摄氏度时，则要超过 2 周。不论在什么情况下，蛇在吃饱后，可以几周或几个月不再进食。有记录显示，有的蛇类可以两年内不吃任何食物。蛇类的饮食变化多样。有 1/4 的蛇类会在吞食猎物之前，用自己的毒液使其麻痹或死亡。有的用自己钩状的牙齿（可防止猎物逃脱）捕获猎物。有的种类（如蚺蛇和蟒蛇）没有毒液，但是可以用自己的身体缠绕猎物，然后不

断收紧，同时用牙齿固定住猎物头部，防止猎物反抗。猎物会因缺氧、心跳停止或器官的损伤而死亡。

蛇同其猎物在不同栖息地的相互影响决定了各种类内部是否有变体出现。束带蛇（*Thamnophis sirtalis*）是已知的唯一一种不受粗皮蝾螈（*Taricha granulosa*）分泌的致命毒素影响的蛇：粗皮渍螈是一种爬行动物，其含有的毒素足以使 15 个人致命。在含有剧毒的蝾螈的分布范围内，蛇对这些毒素具有免疫力。

为了躲避捕食者（从野猪、獴到鸟类和野狼），蛇会采用积极和被动两种策略。很多蛇类的体色容易和周围环境混淆，甚至有些蛇类会模仿毒蛇的颜色和样子来迷惑和阻止敌人，如伪装成假珊瑚蛇。

但是如果这些都没有达到预期目的，当它们遇到威胁时，它们就会逃跑、对抗或采用一种特殊的防御措施。眼镜蛇会将身体直立，扩张颈部皮肤，形成一个风帽；印度沙蚺（*Eryx johnii*）会将尾部抬起以示恐吓；吉娃娃鹰鼻蛇（*Gyalopion canum*）会通过泄殖腔发出肠胃气胀的声音来吓跑潜在的追踪者。

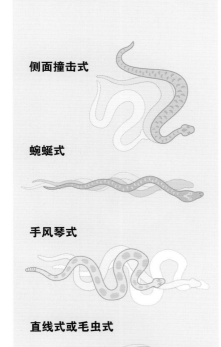

爬行

蛇会根据环境或爬行的表面、水、土壤甚至空气而选择不同的行动策略，以各种不同的方式利用肌肉和鳞片。

侧面撞击式

蜿蜒式

手风琴式

直线式或毛虫式

蚺蛇和蟒蛇

门:	**脊索动物门**
纲:	**爬行纲**
目:	**有鳞目**
亚目:	**蛇亚目**
科:	**蚺科和蟒科**
种:	**77**

蚺蛇和蟒蛇被认为是世界上最原始的蛇类,它们有两个肺,并仍然保留着后足的痕迹,被称为隆突。它们属于擅长收缩肌肉的蛇类,也就是说,会不断勒紧猎物直至其窒息而亡,而不使用毒液。既可以在水里生活,也可以在地面活动。蟒蛇为卵生动物,只栖居于亚洲、非洲和大洋洲,而蚺蛇则是卵胎生动物,也常会在美洲出没。

Eunectes murinus

森蚺

体长:9~10米
保护状况:未评估
分布范围:南美洲热带地区的大河

鳞片
吻部周围覆有6块粗厚的鳞片。尾部有黄色和黑色图纹,使其有别于其他蛇类。

森蚺是世界上体形最大的蛇类,据记载,最大的森蚺重达227千克,是1960年在巴西捕获的一只雌性森蚺。身体呈暗绿色,腹部色彩比较明亮。头部很窄。鼻孔(外鼻孔)和眼睛位于头部很高的位置上。通过舌头来感知气味。它们是非常出色的捕猎者,能在水中窥伺前来饮水的动物,也可以躲藏到树上捕获猎物。它们的食物包括鸟类、鱼类和一些大型脊椎动物,如西猯、水豚和鹿。它们用坚硬的上颌骨咬住猎物,然后用力缠绕,直至猎物窒息而亡。之后使颌骨关节分离,从而一口将整只猎物吞食。可以连续几周昏昏欲睡地慢慢消化猎物,不需要再次进食。森蚺为卵胎生动物,幼蚺产自母体中的卵,一出生,就可以独立生活,长60厘米,可以游泳和捕食。

眼睛
眼睛位于头部较高的位置,便于从水中观察周围的环境。

Eunectes notaeus

黄水蚺

体长:3~4米
保护状况:未评估
分布范围:巴西南部、巴拉圭、阿根廷北部、玻利维亚

黄水蚺体形比普通的水蚺小很多,体长最大可达5米。喜独居,性格温和,大部分时间在水中活动,但也会爬上地面,或寻找伴侣,或迁移到其他水域,或追踪猎物。主要以鸟类、小型哺乳动物、乌龟、宽吻鳄和鱼类为食。

同普通水蚺一样,其为卵胎生动物,雌性在经过6个月的妊娠期后,一次性可分娩82条长达60厘米的幼蚺。宽吻鳄、猛禽和涉禽等会捕食幼蚺。

人类利用黄水蚺的皮制造皮革制品,或者用于宠物贸易,甚至食用。

Corallus caninus
翡翠树蚺

体长: 2.2 米
保护状况: 未评估
分布范围: 南美洲热带雨林

背部白色或黄色的横向条纹与亮丽的绿宝石体色交相辉映, 便于它们隐身于叶丛之间。主要以鸟类和小型蜥蜴为食, 一般用其长且坚硬的门牙捕食。有时也会吃小猴。

上颌前端边缘处有能够感知温度的颊窝, 能帮助它们探测到猎物的热量。翡翠树蚺一般用尾巴牢牢地缠住树枝休息。是一种非常胆怯的动物: 只要察觉到一丝危险, 就会缠绕到树枝上, 并一直保持这一姿势, 直到引起恐慌的缘由消失。

幼蚺
幼蚺与其父母大不相同: 它们的身体呈红色或橙色, 上面有白色的小斑点。

Trachyboa boulengeri
包氏硬鳞蚺

体长: 14~18 厘米
保护状况: 未评估
分布范围: 中美洲

属于小型蟒蛇, 喜定居。受到打扰时会缠绕成一团。当身体受到侵害时, 会产生一种气味难闻的肛门分泌物。一般在夜间活动, 鳞片由灰色逐渐过渡到棕褐色, 便于在树枝间藏身。主要以鱼类和两栖动物为食。它们最突出的特点是眼睛上面的小"角", 由发育完全的鳞片构成, 因此也叫睫蚺。

Epicrates cenchria
巴西彩虹蚺

体长: 1.5~2 米
保护状况: 未评估
分布范围: 中美洲、加勒比和南美洲

巴西彩虹蚺为陆生蚺类, 有 10 个亚种, 分布在美洲大陆大部分地区, 不同亚种颜色不同, 栖息地也不同。鳞片能够反射太阳光, 产生彩虹, 因此而得名。巴西彩虹蚺生性胆怯, 一般在夜间活动, 栖居在河流、小溪和水量充沛地附近。有非常明显的骨盆遗迹。牙齿大且坚硬, 颌骨可以移动。面部鳞片与其他蚺蛇不同, 更加宽大, 从上面看非常显眼。主要在地面和树枝上活动, 在夜间窥伺猎物, 用温度感知器探测猎物。以鸟类、鱼类、两栖动物和其他爬行动物为食。

Sanzinia madagascariensis
马达加斯加树蚺

体长: 2 米
保护状况: 易危
分布范围: 马达加斯加岛

栖息地
生活在低洼的热带丛林, 或者其他海拔更高、更为干燥的地方。

根据颜色可以分为两类: 绿色马达加斯加树蚺生活在马达加斯加岛东部, 西部的树蚺为棕褐色且带有灰绿色花纹。擅长爬行。马达加斯加树蚺为半树栖性, 随着它们的不断成熟, 会逐渐迁移到地面并度过大部分时间。

和其他大部分蚺蛇一样, 其嘴周围有红外线感知器, 能够在夜晚捕获鸟类和小型哺乳动物, 将猎物抓获后, 通过不断收缩肌肉使其窒息。为卵胎生动物, 幼蚺为红色, 在第一年随着成长逐渐转化为成年树蚺的颜色。如今它们面临的重要威胁是乱砍滥伐和栖息地的破坏。

生活环境
随着不断成长, 它们逐渐离开树木, 大部分时间在地面上度过。

Boa constrictor
红尾蚺

体长：1~4 米
保护状况：未评估
分布范围：中美洲、南美洲，
加勒比海上的小岛

树栖性
喜独居，夜间活动，
白天在太阳下休息，
使体温升高。

红尾蚺至少有9个亚种，颜色和体形各不相同。体色呈黑色、橄榄绿、红色或银灰色。所有的亚种背部都覆有条纹，便于它们隐藏在不同的栖息环境（从热带雨林到大草原）中。

交配和繁殖
雄性红尾蚺可以与多条雌性交配，需要花费精力追踪雌性，因为雌性一般会独自隐藏起来。一般在旱季繁殖；妊娠期根据气候持续5~8个月不等。平均分娩25条幼蚺。

感知
红尾蚺舌头可以快速活动，并将气味分子传送到犁骨鼻骨器官。视觉发达，可感知紫外线光谱。无外耳，通过颌骨感知振动。

特点
花纹穿过面部直到头部，吻部和眼睛间有暗色条纹，其他条纹向颌骨延伸。

使猎物窒息
其猎物包括啮齿目动物、蝙蝠、鸟类、蜥蜴目甚至猴子和西猯。可感知温度的头部鳞片和敏锐的嗅觉使其能够迅速地追踪到猎物。与其他种类的蛇不同，不用毒液杀死猎物，而是利用全身的力量"拥抱"猎物，直至其缺氧而死，然后将猎物一口吞食。

1 咬
用门牙将猎物固定，门牙呈弯钩状，可以刺入猎物体内。蚺蛇无毒牙。

钩状牙齿

从小到大排列

具有弹性的韧带

2 拥抱
蚺蛇用身体呈螺旋状缠绕猎物。只要猎物还有呼吸，它们就不断用力缠绕，直至其窒息而亡。在束缚猎物时，肌肉会不断收缩。如果猎物体形较小，这一过程只需几秒钟。

收缩的肌肉

收缩的外延肌肉

脊椎

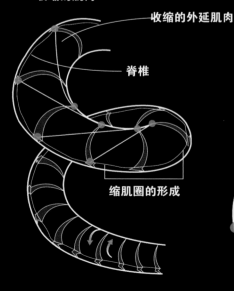

缩肌圈的形成

松弛的肌肉

松弛的外延肌肉

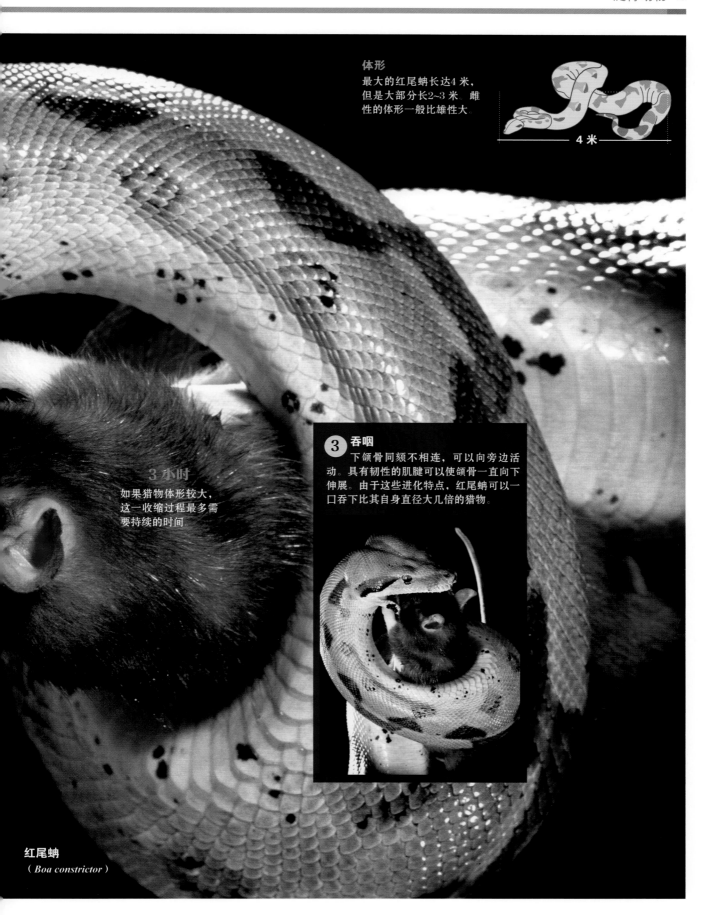

体形
最大的红尾蚺长达4米，但是大部分长2~3米。雌性的体形一般比雄性大。

4 米

3 小时
如果猎物体形较大，这一收缩过程最多需要持续的时间

3 吞咽
下颌骨同颅不相连，可以向旁边活动。具有韧性的肌腱可以使颌骨一直向下伸展。由于这些进化特点，红尾蚺可以一口吞下比其自身直径大几倍的猎物。

红尾蚺
（*Boa constrictor*）

Python curtus
血蟒

体长：1.6 米
保护状况：未评估
分布范围：中南半岛、苏门答腊岛、加里曼丹岛

血蟒头部呈楔状（背部有各种颜色构成的花纹），鼻子扁平并向上翘。颌骨可以移动，利于它们吞食体形庞大的猎物。以小型哺乳动物和鸟类为食。为卵生动物：雌性产卵后孵卵，这一过程一般持续 2 个月，温度必须保持在 27~29 摄氏度，直到幼蟒出生。

Python reticulatus
网纹蟒

体长：5~10 米
保护状况：未评估
分布范围：印度尼西亚、菲律宾

网纹蟒是世界上最长的蛇，但它们比森蚺细很多。头部偏长，吻部宽且扁平，嘴很大，大约有 100 颗向后弯曲的牙齿，利于其吞咽猎物。身体肌肉发达且具有弹性，由黄褐色逐渐过渡到棕褐色。擅长游泳和攀爬。生活在树木茂盛的乡村地区，总是在水源附近活动。夜间觅食，行动敏捷，捕食大型猎物，如鹿、猴、野猪甚至美洲豹。

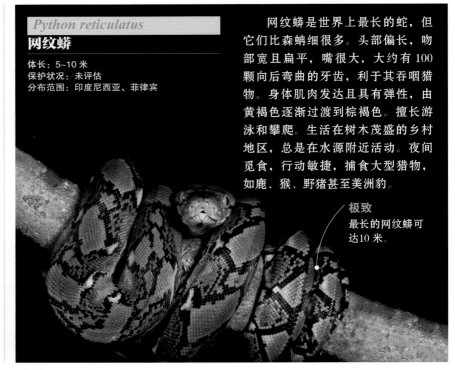

极致
最长的网纹蟒可达10 米。

Chondropython viridis
绿树蟒

体长：1.5~1.8 米
保护状况：无危
分布范围：大洋洲

热量
雌性绿树蟒盘踞在卵的周围为其保温。

这是一种树栖蟒蛇，但夜间会到地面上活动。身体纤瘦，头部呈钻石状，顶部有 3 个温度感知窝，底部有另外 7 个，可以帮助它们探测到猎物（白天捕食爬行动物，夜晚捕食小型哺乳动物）温热的血液。有的绿树蟒呈鲜绿色，有的身上有黄色甚至蓝色斑点。

以一种特别的方式在树枝上休息：缠到水平的树枝上，然后将头部放到身体中间。

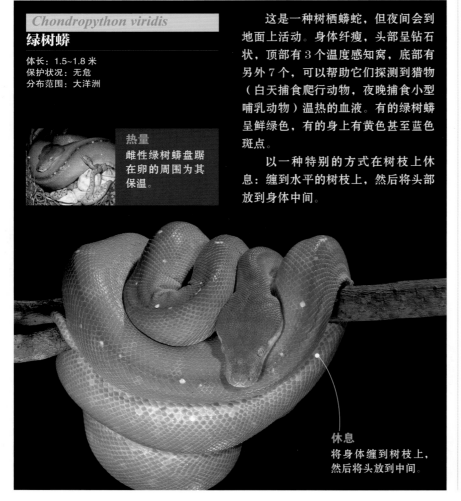

休息
将身体缠到树枝上，然后将头放到中间。

Python sebae
非洲岩蟒

体长：4~7 米
保护状况：未评估
分布范围：撒哈拉以南非洲

非洲岩蟒是世界上最大的蛇类之一。背部呈淡褐色，有深色和黑色的横向条纹。正是因为这一不规则图纹，故又名象形蟒，这些图纹便于在岩石间爬行而不被捕食者发现。尾部两条黑色条纹中间有一道浅色的纹路，独具特色。

一般在陆地活动，会潜入水中觅食。主要以啮齿目动物、鸟类、羚羊甚至是小型鳄鱼为食。经常在水中窥伺猎物，袭击前来饮水的动物。

盲蛇

门：脊索动物门	
纲：爬行纲	
目：有鳞目	
科：盲蛇科	
属：27	
种：260	

　　盲蛇属于无毒蛇类，生活在地下，样子同蠕虫相似。因其又细又长，故又名"线蛇"，但是它们并不被人所熟知。体形小，眼睛退化，身体呈柱形，尾巴短，鳞片光滑鲜亮。擅长挖土，以白蚁和蚂蚁的卵及幼虫为食。

Rhinoleptus koniagui
吻细盲蛇

体长：16~46 厘米
保护状况：未评估
分布范围：塞内加尔、赤道几内亚

　　吻细盲蛇是世界上最小的蛇类之一。吻部尖锐，有不到 300 块纵向鳞片，肛门处有一块盾甲。肺部没有气管，心脏位于颅骨内，全身的血液都输送到了右肺叶。皮肤呈栗色。

　　它们栖居于湿润柔软的地面，或者之前已被其他动物挖掘过的地方。尾部的刺或肛门处的盾甲可以帮助它们开拓道路。以小型腹足动物和昆虫的卵及幼虫为食，如白蚁和蚂蚁。

　　有些吻细盲蛇生活在远离地面的地方，因为不能承受外部的气候变化，经常通过蚁穴爬到较低的树枝上活动。

　　人们经常会把它们与土壤中的蚯蚓混淆，它们对人类无害。无性生殖（单性生殖）：卵子无须精子参与便可分裂，形成胚胎，然后不断发育成与成年吻细盲蛇相同的幼蛇。

　　头骨坚硬，用来在地下开辟道路。

　　该属名字的来源和这一种类息息相关：*Rhinoleptus* 源自希腊名词 *Rhinos*（鼻子）和一个希腊形容词 *Leptos*（瘦的），反映了吻细盲蛇面部鳞片的特征。

Liotyphlops beui
比氏滑盲蛇

体长：11~30 厘米
保护状况：无危
分布范围：巴西、巴拉圭、阿根廷

　　比氏滑盲蛇的背部呈暗黄色和青铜色。头的下半部和喉咙颜色较浅。身体细长，呈柱形，尾巴短且粗。下颌只有两颗牙齿。和所有的盲蛇相同，生活在漆黑的地下：眼睛作用不大，已经部分退化。

　　生活在乌拉圭、巴拉那和伊瓜苏河流附近，一般在湿润多石和蔓生植物较少的高地附近活动。以蚂蚁和其他昆虫为食。卵胎生，鳞片平滑，身体中部有 20 条线状鳞片，背部沿脊椎线分布着 384~464 块鳞片，下颌两边各有一颗牙齿。其生态学和繁殖特点不详。

Typhlops brongersmianus
勃氏盲蛇

体长：可达 30 厘米
保护状况：未评估
分布范围：南美洲亚热带地区（委内瑞拉到阿根廷）

　　和其他盲蛇相比，勃氏盲蛇进化优势更为突出：有 1~3 颗牙齿，颌骨可以移动，无左肺叶和骨盆带。

　　尽管勃氏盲蛇一般体形偏小，但仍有个别盲蛇体长达 95 厘米。与其他蛇类一样，腹部有鳞片。有坚固的尾部盾甲，遇到威胁时，会刺伤敌人，但是无毒。

　　生活在大西洋沿岸的低地地区。不亲自打洞，而是占用其他动物挖掘的通道。身体呈深棕色，背部有颜色更深的条纹。卵生，主要以蚂蚁、白蚁和其他节肢动物为食。

游蛇及其近亲

门: 脊索动物门	
纲: 爬行纲	
目: 有鳞目	
科: 游蛇科	
种: 1731	

游蛇科各个种类之间大不相同。头部的鳞片呈盾牌状,其余的为平行四边形。身材纤细。眼睛发育完全,瞳孔一般呈圆形。大部分为陆栖性,也有水栖性、两栖性和树栖性。可以在除了极地以外的所有环境中生存。

Natrix natrix
水游蛇

体长:65~80 厘米
保护状况:无危
分布范围:欧洲、非洲北部

水游蛇的背部为橄榄绿色,腹部呈灰色或棕色。体侧有一排黑色花纹,靠近背侧线的花纹近似圆形。头部后侧有颇具特色的黄色和黑色项链状鳞片。生活在气候寒冷的地区,因此,在冬季的几个月里会进行冬眠。经常会在湖泊、池塘和溪流附近活动。

春季进行交配:雄性会盘绕在雌性周围,交配前会先摩擦头部。雌性每次产 8~40 枚卵,一般在粪便沉积物或已分解的有机物中产卵,这些地方可以提供有利的温度条件。孵化 6~8 周后,幼蛇便会出生。无毒性,一般在白天活动。以两栖动物(如蛙类、蟾蜍)、鱼类和小型哺乳动物为食。雌性体形比雄性大很多。

Lampropeltis triangulum
牛奶蛇

体长:0.35~1.75 米
保护状况:未评估
分布范围:北美洲东南部、中美洲、南美洲北部

因体色与珊瑚蛇类似,也名假珊瑚蛇。它们利用这一特点赶走捕食者。

有 25 个亚种,每种体色稍有不同。一般为红棕色,整个身体上黑色环形图纹和黄白色斑点相间分布。

以啮齿目动物、鸟类和小型爬行动物为食。有时也会吃其他蛇类。

在冬眠结束后的春季交配,雌性一般在腐朽的树干下或洞穴及其他较为隐蔽的地方产 10 枚椭圆形的卵。经过 1 个月的孵化期后,幼蛇出生。无毒,喜欢在 26~32 摄氏度的环境中活动。寿命一般为 15 年左右。

Clelia clelia
拟蚺

体长:1.5~2.4 米
保护状况:未评估
分布范围:中美洲、南美洲

拟蚺也被称为索皮洛特蛇或森王蛇。背部为深灰色或浅黑色,腹部呈象牙色。幼蛇身体为红色,头部呈黑色,颈部有一条白色带状条纹。颜色随年龄增长而发生变化。

陆栖性,但是也会爬树或翻挖枯叶觅食。主要以其他蛇类为食。从头部开始吞食猎物,对猎物注射的毒液具有免疫力。卵生。一窝产 15~20 枚卵。

白天活动,眼睛小且突出,身体柔韧性很强。

存在性别二态性:雄性的身体比雌性纤细很多。

拟蚺分布广泛,在干燥和湿润的热带丛林中均有分布。

Dasypeltis scabra
食卵蛇

体长：0.8~1 米
保护状况：无危
分布范围：非洲东南部

颌骨
颌骨有弹性，可以食用比自己头部大很多的卵。

自我保护
一旦受到威胁，身体就会膨胀，然后盘绕成一团。

因专吃鸟类的卵而得名。身体呈灰色或棕色，有菱形的暗色斑点。颈部有"V"形的图案，嘴巴内侧有一条黑色的纹路，无牙齿。身体纤细，皮肤粗糙。雌性比雄性体形更大、更健壮。一旦受到威胁，它们的身体会膨胀，然后将自己缠绕成一团，之后慢慢展开，让体侧的鳞片互相摩擦发出类似哨声的尖锐刮击声。

栖居在鸟类丰富、丛林茂盛之地。经常会爬树寻找鸟巢。

Ahaetulla prasinus
绿瘦蛇

体长：2 米
保护状况：无危
分布范围：南亚、东南亚

身体细长。头部呈三角形，吻部非常突出。呈祖母绿色和淡黄色，有的绿瘦蛇为鲜艳的绿色。为后沟牙类毒蛇：毒牙位于上颌后部。毒液可以使猎物麻痹；对人类无害。

树栖性，以小型脊椎动物为食。

卵胎生。刚出生的幼蛇为棕色。

毒牙
上颌后部有毒牙带有毒液。

Imantodes cenchoa
钝头树蛇

体长：0.8~1.45 米
保护状况：未评估
分布范围：中美洲、南美洲北部

钝头树蛇又名普通睡蛇或大头钝蛇。身体纤细。背部呈栗色，有边缘为黑色的棕色斑点；泛黄的腹部有纵向的不规则暗色斑点。头部和身体的其他部位大不相同，呈黄褐色，带有黑色斑点。眼睛偏大，非常有特色。

擅长在枝叶间快速爬行。栖居在湿润的热带高山丛林和雨林中。

夜行动物。主要以两栖动物（小型蛙类和蟾蜍）、蜥蜴和壁虎为食，一般在低洼的树丛中觅食。

白天躲藏在凤梨科植物、附生植物或树丛中，它们不仅可以在此避难，也可以在此捕食蜥蜴的卵。

颌骨前面的牙齿比后面的长。卵生动物，一整年都可以交配产卵。栖居在季节性环境中，但其繁殖期大多在雨季。每次产 1~3 枚卵。

无毒。

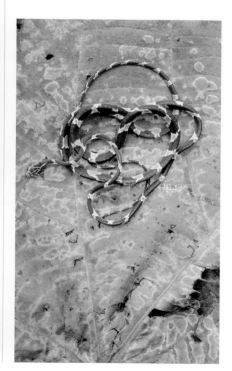

Spilotes pullatus
虎鼠蛇

体长：1.8~3 米
保护状况：未评估
分布范围：北美洲南部、南美洲北部

因有类似老虎的斑纹而得名：身体呈浅黑色，从腹部到背部有黄色带状斜纹，腹部偏黄色，头部有横向斑纹。因这一特点又名虎蛇。

身体强壮，侧面扁平；头部与众不同，大且呈椭圆形，眼大，瞳孔为圆形。

因其能够敏捷地在树枝间穿行，虎鼠蛇别名飞蛇。栖居在小溪及河流附近的落叶林的中低部叶丛中。白天活动，具有攻击性。树栖性，但也会在牧草丰盛的地方活动。此外，也擅长游泳。

以小型哺乳动物如鼠类、鸟类和蜥蜴为食。卵生，在夏初产卵，一次一般产 8~12 枚卵，经过 73~76 天的孵化后，幼蛇出生。

自我保护
一旦受到威胁，脖子会膨胀，并摇动尾巴，撕咬敌人。

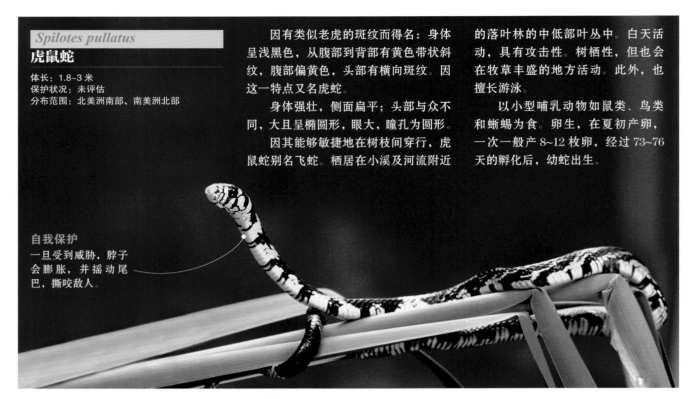

Elaphe mandarina
玉斑锦蛇

体长：1~1.7 米
保护状况：未评估
分布范围：南亚、东南亚

玉斑锦蛇背部主要为灰色或棕灰色，有两排螺旋状的黄色椭圆形或圆形斑点，其内部为黑色，外围呈黄色。

头部较短。眼睛偏小，呈深棕色，近乎黑色。

舌头为黑色。个性胆怯，黄昏时刻活动，有挖洞的习惯；大部分时间在啮齿目动物的巢穴中度过，幼鼠和鼩鼱是其最主要的食物。

会在最冷的月份冬眠。春季交配，雌性一般产 3~12 枚卵，孵化期为 48~55 天。

颜色
背部鳞片一般由中间呈棕红色的个体构成。

Lycodon aulicus
白环蛇

体长：45~70 厘米
保护状况：未评估
分布范围：南亚、东南亚

白环蛇体色因分布地区的不同而有所变化，但一般为咖啡色，有黄色或白色的横向条纹。身体肌肉发达，呈柱形，到尾部逐渐变窄。头部宽大扁平，别具一格。

夜行动物，白天盘绕成团，一动不动。主要以蛙类、壁虎和蜥蜴为食。因其分布范围广阔，繁殖习惯也有很大差别；一般雌性一次产 4~11 枚椭圆形的卵。

Elaphe guttata
玉米蛇

体长：0.61~1.82 米
保护状况：未评估
分布范围：美国东南部、墨西哥北部

玉米蛇体色因年龄不同而有所不同，但一般为橙色或棕色，背部有边缘为黑色的红色斑点。腹部有交替变化的黑白花纹。

每 2~3 天进食一次。以啮齿目动物、蝙蝠和鸟类为食；幼蛇以更小的猎物为食，如蜥蜴、树蛙、蟋蟀、甲虫。夜行动物，从下午开始活动。白天躲在啮齿目动物的巢穴中或干枯的树干和石头下方。

卵生。雌性一般产 10~30 枚卵，产卵地要保持足够的湿度和热度来确保孵化工作的进行，一般为腐朽的树干等。

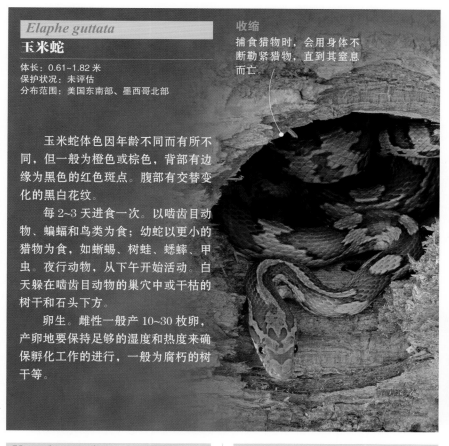

收缩
捕食猎物时，会用身体不断勒紧猎物，直到其窒息而亡。

Boiga dendrophila
红树黄环蛇

体长：1.8~2.4 米
保护状况：未评估
分布范围：东南亚

红树黄环蛇背部为亮黑色，并带有黄色环形斑纹，腹部呈黑色或蓝色，一般有黄色斑点，使其在蛇类中独具特色。有后沟毒牙。夜行动物，且非常具有攻击性。白天悬挂在红树林的树枝上昏昏欲睡。在马来语中，又名 *ularburong*，意为"树蛇"。

为机会主义捕食者，以啮齿目动物、蛙类、小型鸟类、蝙蝠和卵为食。极少数情况下会吞食其他蛇类。

Xenodermus javanicus
爪哇闪皮蛇

体长：48~67 厘米
保护状况：未评估
分布范围：东南亚

爪哇闪皮蛇于 1846 年被发现，那时人们对其所知甚少。又名"爪哇蛇"，沿着脊椎分布着 3 块大鳞片和一些略小的流线型鳞片。

闪皮蛇属的唯一代表。皮肤为灰色，腹部为白色。背部有龙骨状鳞片和一系列隆突，因此，皮肤组织非常粗糙。头部略小，与身体其他部位不同，有颗粒状鳞片。

栖居在人烟稀少的地区，如沼泽地和海拔 1100 米的热带丛林。

白天有挖洞的习惯。夜晚出去觅食，常在河岸边吞食蛙类。

半水生卵生动物，雌性一般产 2~4 枚卵。

分布于马来西亚、苏门答腊、爪哇岛和加里曼丹岛。

Homalopsis buccata
宽吻水蛇

体长：0.9~1.2 米
保护状况：无危
分布范围：东南亚

宽吻水蛇背部呈暗棕色，有带黑色边缘的浅色条纹。腹部为白色或黄色，带有棕色斑点。

栖居在淡水区，如溪流、排水沟、水库、灌溉地、沼泽地、海滨沼泽和池塘。白天躲在泥滩上的洞穴中，夜晚开始活动。主要以鱼类和蛙类为食。卵胎生动物。

头部花纹与众不同：头上有三块非常耀眼的小斑纹，吻部有一块三角形斑点，一条纵向带状花纹经过眼睛一直延伸到嘴巴结合处。

宽吻水蛇是游蛇科唯一会离开水面晒太阳的蛇类，但不会离开太远。可以在水中敏捷地游动，但是不擅长在地面上爬行。分布于印度、孟加拉国、缅甸、柬埔寨、泰国和马来西亚。

Lamprophis aurora
屋蛇

体长：45~90 厘米
保护状况：无危
分布范围：非洲东南部

屋蛇背部呈亮橙色，全身布满了橄榄绿色的小斑点，构成了该种游蛇的鲜明特征。随着年龄的增长，这一引人注目的色彩会逐渐暗淡。有性别二态性，雌性体形更大。栖居于牧草丰盛的区域和海岸地区，主要在夜间活动。以蜥蜴、蛙类和啮齿目动物为食。卵生，一般一次产 8~12 枚卵。

眼镜蛇及其近亲

门：脊索动物门	
纲：爬行纲	
目：有鳞目	
科：眼镜蛇科	
种：346	

眼镜蛇科的蛇都带有剧毒，其中最突出的是眼镜蛇、珊瑚眼镜蛇、非洲曼巴蛇和海蛇。固定而空心的毒牙与位于上颌后方的毒液腺相连。身体上一般有光滑的鳞片，栖居于除欧洲以外的热带和亚热带地区。

Dendroaspis polylepis
黑曼巴蛇

体长：2.2~3 米
保护状况：无危
分布范围：非洲东部与南部

尽管名为黑曼巴，但其一般为灰色、棕色、橄榄绿或草绿色，背部有亮色斑点。腹部呈奶油色，微微发黄或发绿。嘴巴内部为蓝色，近乎黑色；眼睛为暗棕色，瞳孔为黄色，边缘呈银色。

一般在白天活动，陆栖性，但也经常在树上活动。爬行时，身体的后 1/3 离开地面。一旦受到打扰，便会成为世界上最具攻击性的蛇类之一。一天中的大部分时间都在晒太阳，遇到极小的威胁便会逃跑，躲藏到树洞或白蚁巢中。只有在自我防卫和进食时，才会攻击。以小型哺乳动物为食，有时也会捕食鸟类。

春季进行交配，但是雌性在 2~3 个月后产卵。

Acanthophis antarcticus
死亡蛇

体长：0.7~1 米
保护状况：无危
分布范围：澳大利亚、新几内亚岛

死亡蛇属于眼镜蛇科。身体强壮，头部呈三角形，体色呈浅棕色，全身有颜色更深的横向条纹。行动敏捷，具有特殊的捕猎策略。

夜行动物，埋伏捕猎：隐藏在枯叶中，将类似于黄色蠕虫的尾尖暴露在外。当猎物被诱饵蒙骗靠近时，它们会通过撕咬和注射毒液攻击猎物。主要以小型哺乳动物、鸟类和其他爬行动物为食，如蜥蜴。其捕猎的成果依赖于它们的保护色。它们的撕咬对人类有致命的威胁。卵胎生。夏末，雌性一次产 10~20 枚卵。

Ophiophagus hannah
眼镜王蛇

体长：2.4~5.45 米
保护状况：易危
分布范围：亚洲中南部及东南部

眼镜王蛇是世界上最长的毒蛇。头部宽大扁平，颈部有一个尖顶皮褶，遇到危险时会将其展开。身体为棕色、橄榄绿色或黑色。一般背部有黄色或白色穗状横向条纹。幼蛇为煤黑色。

它们有一个不同于其近亲的习性：在交配期为一夫一妻制。擅长游泳，一般生活在河岸附近。在不被打扰的林中的灌木丛中活动。

昼行动物，主要以蛇为食，但也会捕食蜥蜴和卵。在繁殖期，交配时伴侣互相交缠，这一姿势一直保持几小时。雌性一般一次产 20~50 枚卵。

Micruroides euryxanthus
索诺拉珊瑚蛇

体长：32~44 厘米
保护状况：无危
分布范围：美国西南部、墨西哥西北部

捕食
毒杀、攻击和吞食其他蛇类。

肤色
细的环状花纹近似白色或黄色。

索诺拉珊瑚蛇的身体非常纤细，头部很小。有类似珊瑚的花纹：较细的黄色环状花纹将黑色和红色花纹分隔开来。

上下颌骨各有一枚毒牙，毒液具有非常强大的神经毒性。

以昆虫、两栖动物和小型爬行动物为食。食物匮乏时会攻击和捕食同类。

卵生。夏季雌性仅产 2~3 枚卵。

Laticauda colubrina
蓝灰扁尾海蛇

体长：0.875~1.42 米
保护状况：无危
分布范围：印度洋和太平洋

罕见的形态特征表明了蓝灰扁尾海蛇两栖性的生活习惯。身体呈柱形，腹部有鳞片，利于在地面上爬行，但尾巴扁平呈桨状。肺部很大，利于长时间潜水，盐腺和鼻孔有瓣膜塞。皮肤呈灰蓝色，全身分布着黑色的环状花纹。头部略显不同，颜色为更鲜亮的黄色。雌性体形明显比雄性大。卵生，雌性一次可产 4~20 枚卵。

Oxyuranus scutellatus
太攀蛇

体长：2~3 米
保护状况：未评估
分布范围：澳大利亚东北部

太攀蛇是世界上毒性最强的蛇类之一。身形纤瘦，呈浅黑色或棕色，侧面有近似白色的条纹；腹部呈黄色，有橙色的斑点。头部偏大，颜色明亮，吻部和下颚有奶油色条纹。以啮齿目动物和小型有袋目动物为食。嗅觉和视觉灵敏。栖居在遗弃的巢穴、树干或甘蔗种植园中。雌性可产 20 枚卵。

Pelamis platurus
长吻海蛇

体长：0.6~1.13 米
保护状况：无危
分布范围：印度洋和太平洋

卵胎生
雌性每次可产10条幼蛇。

长吻海蛇背部呈黑色或深棕色，腹部为灰色，边缘呈金黄色，外表独具特色，引人注目。尾巴侧扁，适于水域生活环境。舌头上的盐腺可以排泄盐分，便于控制水平衡。昼行动物，常在深海活动。夜间在海底休息，时不时钻出水面呼吸；可持续潜水 3.5 小时。可从水中获取氧气。在浅水区交配。

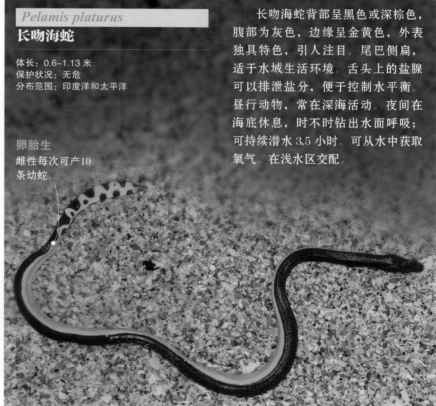

印度眼镜蛇

体长：1.5~2 米
保护状况：未评估
分布范围：南亚

孵化
雌性可产20枚卵，孵化期为50天左右。

身形纤细苗条，皮肤上有平滑的白色、灰色或黑色鳞片，或全身同一颜色，或具条带状花纹。眼睛偏小，瞳孔呈圆形。嘴可以张开很大，露出锋利的牙齿。

行为

生活在靠近水源的植被茂盛地区以及沙漠地带。夜行动物，会爬树及游泳。分布范围不固定，经常出现在洞穴、缝隙、地洞、遗弃的白蚁巢穴或其他可以藏身的地方。

繁殖和养育

求偶时，为了避免受到攻击，雄性一般悄悄靠近雌性，交配后，雌性会在其他动物遗弃的巢穴中产卵。幼蛇长30厘米，带有毒液，可以像成年蛇一样直立和打开头部的皮褶。

舞蛇
"魔法师"经常会在表演中利用眼镜蛇：它们可以随着笛声跳舞。

警觉与致命

印度眼镜蛇的舌头长且分叉，可以探测周围的环境信息：获取空气中的粒子，之后腭上的雅各布森器官会通过与大脑相连的神经系统对这些粒子进行分析。这一综合系统可以帮助眼镜蛇探测到捕食者、猎物、同类及水源的位置。牙齿能够产生毒害神经和心脏的毒液，使受害者麻痹、动脉血压降低及组织死亡。

皮褶
一旦受到威胁或进行攻击时，头部和身体的1/3直立，而其他部分仍然盘成一团。因此，需伸长前面的毒牙和颈部的皮肤。这一变化使其显得更加庞大，皮褶可达20厘米左右。准备进攻时它们会将颈部皮肤展开，有时还伴有嘘声。

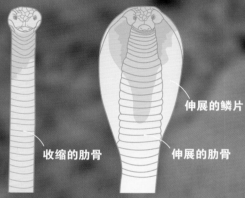

伸展的鳞片

收缩的肋骨　　伸展的肋骨

① 闭合的皮褶
身体直立，准备打开风帽。

② 张开的皮褶
头部也会变宽。

体形
虽然不是世界上最大的眼镜蛇，但印度眼镜蛇最长可达2.25米。

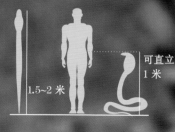

1.5~2 米

可直立
1 米

眼镜
皮褶背面有眼镜状的图案，因此得名为眼镜蛇。

条纹
最突出的特点之一是脖子下面的暗色宽带条纹。

不同特征

　　尽管具有一些共同特征，但是不同种类的眼镜蛇的体形、颜色和鳞片形状存在差异。最简单的区别方法是观察展开的皮褶背面的图案：印度眼镜蛇的图案类似于一副眼镜或独目镜。但是仍存在没有这一图案的眼镜蛇。

印度眼镜蛇
（ *Naja naja* ）

中华眼镜蛇
（ *Naja atra* ）

安达曼眼镜蛇
（ *Naja sagittifera* ）

苏门答腊射毒眼镜蛇
（ *Naja sumatrana* ）

鳞片

鳞片平滑，斜向交叠。腰部的鳞片比身体其他部分更为紧致。

印度眼镜蛇
（ *Naja naja* ）

鳞片种类

　　鳞片的构成形式是区分眼镜蛇的重要标志。鳞片一般可分为三部分：颈部鳞片、腹部鳞片和尾部鳞片。颅顶鳞片最大，周围分布着其他各种不同的鳞片。下唇鳞片通常有5片。腹部鳞片宽大，不同种类的眼镜蛇数量有明显差异。

颅顶鳞片　　　　　背部鳞片

俯视图

下唇鳞片　　　　　腹部鳞片

仰视图

眼部鳞片　　　　　体侧鳞片

侧视图

1万

在印度每年死于眼镜蛇咬伤的大致人数。

蝰蛇

门：	脊索动物门
纲：	爬行纲
目：	有鳞目
亚目：	蛇亚目
科：	蝰科
亚科：	3
种：	288

蝰蛇通过空心而强劲的前毒牙注射毒素。合上嘴巴时，牙齿会缩回上腭，嘴巴张开时，牙齿便展露出来。三角形的头部覆盖着龙骨状的鳞片，瞳孔竖直。其中蝰亚科物种数目最多；其余为响尾蛇，鼻孔和眼睛之间有红外线感知器。

Bitis nasicornis
犀咝蝰

体长：60~90 厘米
保护状况：未评估
分布范围：非洲中部和西部

特殊的鳞片
头部的鳞片像犀角一样向上延伸。

假扮
体色是其容易被猎物忽略的关键。

犀咝蝰是地球上最危险的蛇类，对很多人来说也是最美丽的蛇。头部呈扁三角形，与身体其他部位相比，相对较小，鼻孔上面有 2 个或 3 个角和 1 个箭状的黑色斑点。色彩鲜艳，利于隐藏（常与丛林中的绿叶和地面上的枯叶混为一体），可以随环境变化而变色。擅长爬树、游泳，主要以小型哺乳动物为食，夜间觅食，一般会等猎物靠近而不是主动出击，也会吃鱼类和两栖动物。属毒蛇，一旦中了它们的毒，血液循环系统会遭到破坏，引起大出血。但是它们不会随意射毒：生性平和，除了饥饿或受到挑衅时之外，一般不会主动袭击。卵生，一般一次产 6~40 枚卵。

Agkistrodon contortrix
铜头蝮

体长：50~95 厘米
保护状况：无危
分布范围：美国、墨西哥北部

铜头蝮的头部颜色类似于旧时的铜质硬币，有蝮蛇和蝰蛇特有的小孔，可以依据猎物身体发出的热量将其捕获。身体上布满了沙漏状的棕红色花纹，使它们可以近乎完美地隐藏于周围的环境中。夏季常常躲在石壁、沙砾和倒下的腐朽树干中，冬季与同种类的蝮蛇甚至其他蛇类一起冬眠。卵胎生。成年铜头蝮 90% 的食物为啮齿目动物，但会捕食蜥蜴、两栖动物、小型鸟类和其他体形偏小的蛇类以及一些昆虫（如毛虫），经常利用自己黄色的尾巴去引诱毛虫。它们很少咬人，但对人类有致命的杀伤力。

Cerastes cerastes
角蝰

体长：30~60 厘米
保护状况：未评估
分布范围：非洲北部、中东地区

保护色
角蝰的体色利于其在光线明亮而尘土飞扬的环境中隐身于沙漠。这一外形特征是其对环境适应进化的结果。

坚硬的鳞片
利用坚硬的鳞片掘土，将自己埋在沙堆中避暑。

角蝰身体强壮，头部眼睛上方的鳞片突出。身体呈黄色、橙色、红色或灰色。以蜥蜴、小型哺乳动物和鸟类为食。夜间捕食，清晨和下午常躲在沙堆中，只将眼睛和角暴露在外。以名为"撞击肋部"的方式爬行，看起来像是在松散的沙堆中"游泳"，并留下一串独具特色的痕迹。用全身挤压沙堆，因此常会留下完整的印迹，甚至包括腹部鳞片。其毒液中至少有 13 种毒素，尽管毒性不是最强的，但一旦被其咬伤还是会引起人体的肾脏功能失常，甚至威胁生命。

Lachesis muta
南美巨蝮

体长：2~2.5 米
保护状况：未评估
分布范围：南美洲赤道丛林、巴拿马、特立尼达和多巴哥

南美巨蝮又名哑响尾蛇或"灌木丛之王"，是美洲最大的毒蛇。

头部为宽大的椭圆形，同颈部有明显区别。身体呈黄色或棕色，有钻石状的斑点，尾尖有角质膜。毒牙巨大，一旦被其咬伤非常危险：75% 的案例情况都非常严重，死亡率可达 50%。

Azemiops feae
费亚白头蝰

体长：30~90 厘米
保护状况：未评估
分布范围：中国、越南

皮肤
生活在潮湿地区。若缺少水分，皮肤会变干燥和出现褶皱。

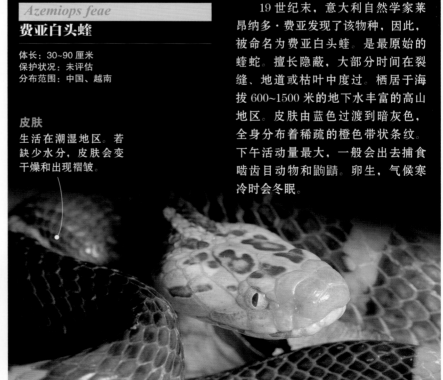

19 世纪末，意大利自然学家莱昂纳多·费亚发现了该物种，因此，被命名为费亚白头蝰。是最原始的蝰蛇。擅长隐蔽，大部分时间在裂缝、地道或枯叶中度过。栖居于海拔 600~1500 米的地下水丰富的高山地区。皮肤由蓝色过渡到暗灰色，全身分布着稀疏的橙色带状条纹。下午活动量最大，一般会出去捕食啮齿目动物和鼩鼱。卵生，气候寒冷时会冬眠。

Trimeresurus albolabris
白唇竹叶青

体长：60~81 厘米
保护状况：无危
分布范围：东南亚、中国南部、印度东部

　　白唇竹叶青的头部和背部都呈绿色。名字来源于其近似白色、黄色或淡绿色的唇部。腹部为绿色、黄色或白色。雄性比雌性体形小，腹外侧有细条纹。生活在各种环境中，从山地丛林到低地平原、灌木丛和耕地区都可以发现其踪迹。卵胎生，以鸟类、小爬虫和哺乳动物为食。

Vipera ammodytes
沙蝰

体长：0.5~1 米
保护状况：无危
分布范围：欧洲东南部

　　沙蝰的毒牙相对较长（大于 1.3 厘米），毒液的毒性强。喜栖息于海拔低于 2000 米的植被稀少、干旱多石地区。吻部有"角"，高度可达

0.5 厘米，柔软且具有弹性，位置因亚种不同而存在差异。雄性颜色更为鲜明，呈灰色或黑色，而雌性则为棕色。雌雄背部都有一条纹路。白天和夜间都很活跃。以哺乳动物、小型鸟类以及蜥蜴和其他蛇类为食。根据分布范围内的条件，每年冬眠 2~6 个月不等。卵胎生。雌性在 8~10 月分娩 20 只幼蛇。这些幼蛇一般长 14~24 厘米。

特殊的吻部
由9~17枚鳞片构成 2 或 4 列斑纹。

Bothriechis schlegelii
许氏棕榈蝮

体长：75 厘米
保护状况：未评估
分布范围：中美洲、南美洲西北部

根据高度
栖息于高海拔地区的许氏棕榈蝮体色一般比生活在低地的更深。

　　许氏棕榈蝮是一种小型蝮蛇，眼睛上部有"角"。颜色多变，每条许氏棕榈蝮都略有不同。雌性一般比雄性长。与其他毒蛇一样，头部呈三角形，瞳孔直立。生活在海拔 2600 米的湿润茂密丛林中。树栖性，一般在夜间活动，以从树上捕获的啮齿目动物、蛙类、游蛇和小型鸟类为食。卵胎生。雌性一次可产 10~12 只幼蛇。

Sistrurus miliarius
侏儒响尾蛇

体长：40~80 厘米
保护状况：无危
分布范围：美国东南部

　　侏儒响尾蛇栖居于各种不同的环境中，从大型牧场、平原、草木丰富的湿地到松林和靠近水域的灌木丛都可以看到它们的踪迹。陆栖性，喜湿润的栖息环境。擅长游泳，极少爬树。食物包括小型哺乳动物、鸟类、小爬虫、昆虫、蛙类以及其他蛇类。背部有 23 个细小的鳞片。腰部和体侧有近乎正圆的斑点，利用其他物种的洞穴休息和自我保护。

Crotalus adamanteus

东部菱背响尾蛇

体长: 0.84~2.51 米
保护状况: 无危
分布范围: 美国东南部

强大的毒液
尽管攻击性不强,但是东部菱背响尾蛇被认为是北美洲最危险的蛇类之一,因为它们的毒液毒性非常强大。

东部菱背响尾蛇是最大的响尾蛇。可以生活在不同的环境中: 干燥的高山松树林,棕榈平原,松树、橡树、栎树混合林,沙丘,海岸,沿海丛林,各种湿地以及旱季时湿润的大牧场。皮肤呈棕色,也有些呈黄色、灰色或橄榄色。在基础体色上,有中间颜色相对较淡的深棕色或黑色斑点。这些钻石状斑点的数目一般为 24~35 个。每个斑点周围都有一条鲜艳的奶油色或黄色纹路。腰部下侧的斑点呈现不同的样子,到了尾部这些斑点变成了带状。腹部为黄色或奶油色,侧面有小斑点。头部有暗色带状眼线,边缘为浅色条纹。

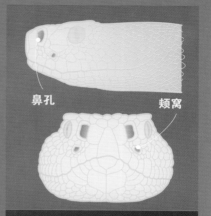

鼻孔　　　　颊窝

知觉
颊窝参与了响尾蛇对温度的探测工作: 响尾蛇和其他种类的蛇通过这种方式可以准确地定位周围的热血猎物,即使是在黑夜也不受影响。

皮肤特征
背部一半的鳞片构成了很多边缘呈黑色的钻石图案。

条纹状的面部
眼圈后部的带状条纹呈黑色,边缘为浅色。

蜥蜴

什么是蜥蜴

现在的大部分爬行动物都属于蜥蜴类。它们皮肤干燥粗厚，由形状各异的鳞片组成。松果体眼睛位于头部背面，可以感知光线并调节生物钟。头部颅骨可以活动。雄性有一对交接器。有些蜥蜴可以使尾巴脱落来转移捕食者的注意力。四肢较短，有些只有部分四肢或者完全没有。舌头形状因种类不同而发生变化。

| 门：脊索动物门 |
| 纲：爬行纲 |
| 目：有鳞目 |
| 科：20 |
| 种：5461 |

一般特征

蜥蜴代表了一个爬行动物群体，它们遍布在除南极洲之外的地球上的任意一个角落。包括很多不同的种类。它们的体形差异很大，有几厘米长的壁虎，也有长达 3 米的科莫多巨蜥。皮肤表面覆有微小的鳞片和角质层。体形细长，有一条长长的尾巴。大部分蜥蜴具有四肢，但是仍有一些只有两足，有的甚至完全失去四肢，比如慢缺肢蜥，只保留着四肢的印痕。大部分蜥蜴的眼睛都有可动的眼睑。视力特别发达，有些种类可以分辨色彩。皮肤会因环境变化或情绪激动而改变颜色。其中最具代表性的就是变色龙。其喉部下方的皮肤具有明显的色彩，在受到威胁时会展开。除了皮肤颜色之外，它们还会利用身体姿势和动作进行交流，尤其是在吸引或者赶走伴侣的时候。它们的心脏具有两个心耳和一个没有完全分离的心室。有泌尿膀胱和泄殖腔。以昆虫和啮齿目动物为食，有的种类可以吃植物。只有一属蜥蜴（毒蜥属）含有剧毒，如希拉毒蜥，不过近期的研究指出，科莫多巨蜥的颌骨也有可能带有毒腺。

种类的多样性

现已发现 20 个科的蜥蜴。鬣蜥即旧大陆的鬣蜥科，主要分布于非洲、亚洲及大洋洲，代表物种有摩洛蜥、普通

多样性及普遍性
世界上大约有5461种蜥蜴。因其体色和样子的多变以及顺从性，成为最具魅力的爬行动物，其中很多种类被当成宠物来饲养。

炫目的色彩

蜥蜴的皮肤上具有特殊的色素细胞，颜色可发生变化，使它们可以变成与周围环境相近的颜色。这一特征为其隐蔽自己提供了可能。同时避免被其天敌如无脊椎动物和啮齿目动物发现。此外，在繁殖期，它们皮肤的颜色也会发生变化。

彩虹飞蜥
（ *Agama agama* ）

奥力士变色龙
（ *Furcifer oustaleti* ）

杰克森变色龙
（ *Chamaeleo jacksonii* ）

大壁虎
（ *Gekko gecko* ）

鬣蜥和水蜥。伞蜥因其颈部的皮肤项圈而闻名；飞蜥因其肋部皮肤的伸展，可以在树丛中自由滑翔。美洲鬣蜥科大约有300种，其中包括最常见的美洲鬣蜥。其中安的列斯岛绿鬣蜥、变色蜥、海鬣蜥和热带美洲鬣蜥最为出名。避役科因其皮肤可改变颜色而广为人知。此外，它们的脚趾呈钳状分布，眼睛位于球状结构之上，可以沿各个方向自由转动。蛇蜥科包括一些慢缺肢蜥，它们的四肢非常短小甚至缺失，和其他蜥蜴一样可以自行将尾巴截断。因为这些原因，它们又被称为水晶蛇。壁虎科包括壁虎以及所有的草食性蜥蜴。其脚趾上有丝状物，便于在光滑或者垂直的表面上攀爬。蜥蜴亚目包括有鳞目最著名的一些成员，比如蜥蜴。它们是肉食性的，舌头分叉，尾巴长，四肢发育完全。石龙子科与蜥蜴亚目极为相似，但是前肢短小，有的种类甚至四肢缺失。巨蜥科，如科莫多巨蜥，身体强壮，头部较宽，体形细长而结实，可通过强有力地摆动尾巴来进行自卫。

保护机制

除伪装之外，蜥蜴还有一些其他的自我保护手段，如通过张大嘴巴、摇摆头部、弯曲四肢等来恐吓侵犯者。有些还会用尾巴击打，在一些极端情况下还会装死。自行截断尾巴是一些蜥蜴最引人注意的特点，这一现象被称为自截。尾巴可通过软骨管的发展而重生。尾巴

对这些爬行动物来说非常重要，因为尾巴作为它们的替补器官，在移动时可用来保持身体平衡。另外，在繁殖期求偶时也会发挥作用。

第三只眼睛

在脑干和大脑半球神经元之间，发育了一种可以分成两部分的分泌腺。其中一个名为松果体，位于脑神经元旁边。另一部分为副松果体，在一些蜥蜴中通过颅顶骨的缝隙发育到了脑部表皮。副松果体非常明显地位于一个名为第三只

眼睛或者颅顶眼的器官上。颅顶眼由晶状体和视网膜构成，是光传感的，即可以感知光线，可以感知每天及各个季节光线的变化。但是由于该眼睛的视网膜和透镜只是初步发育，因此无法形成图像。看起来就像是一片透明鳞片或头上的一个点。根据所接收的光线，可以促进激素的产生，尤其是促进繁殖活动的进行。另外，第三只眼睛在体温调节中也可发挥一定的作用。通过观察光线和阴影的变化，当捕猎者从上方靠近时，颅顶眼就可以提前预警。

舌头

可以根据舌头的结构对蜥蜴进行分类。有的种类舌头偏长，可自由伸出，舌尖分叉（与蛇类似）。有的种类舌头粗厚多肉，不能自由伸出。还有些蜥蜴的舌头特别长，可自由伸出，舌尖粗大。

嗅觉
舌头参与饮食活动，并负责获取气味分子，并将其传到雅各布森器官。

短舌
短且粗厚多肉的舌头并不特别，如壁虎。

长舌
舌头极长且能够迅速伸展，这是变色龙独有的特点。

分叉舌
分叉舌的基本功能就是具有嗅觉，比如科莫多巨蜥。

栖息和饮食

蜥蜴可以通过守候猎取猎物。有些甚至能够击倒大型草食动物和人类。大部分为卵生。与鸟类和哺乳动物不同，幼蜥的性别与染色体无关，而是取决于温度。刚出生的蜥蜴由父母照顾，这点在其他爬行动物中并不常见。身体细长并覆有鳞片。一般有四肢，尾巴长。

栖息

蜥蜴的栖息环境非常多样。墨西哥盲蜥生活在地下，它们没有四肢，可以居住于石头和腐烂的树木底下。砂鱼蜥可以在沙子里像游泳一样活动，即将四肢贴到体侧，身体呈波浪状移动。沙丘小蜥蜴会将自己埋进沙子里，以躲避捕食者，为了完成这一动作，它们可以利用瓣膜关闭自己的外鼻孔。有些蜥蜴是沙漠地带所特有的，如纳米比亚荒漠蜥蜴，它们的头很尖，呈铁锹状，便于将自己埋进沙子般松软的底土层中。大部分变色蜥生活在树上。变色龙已经很好地适应了在树丛中穿梭的生活，因为它们发育完全的爪状脚趾像钳子一样排列，便于在树干和树枝上爬行，以及抓住猎物的尾巴。黄斑蜥蜴可以在牧草丰盛的地方生存，在那里捕食一些小型脊椎动物。有些种类生活在多岩石区域，如犰狳环尾蜥，身体呈黄棕色，和它们所居住的环境相似。还有一些生活在淡水水体中，其特点与栖息环境相关，如鬣蜥、河蜥和凯门蜥，它们可以游泳，也可以在水面上奔跑，以躲避追捕者。有些是生活在海洋里的代表性物种，如海鬣蜥。有些甚至还出现在人类的住宅区，比如普通壁虎就可以进入人类居住的房子里。

饮食

大部分蜥蜴以昆虫为食，但是也有一些完全以果实和植物为食，并且是这方面的饮食专家。德州角蜥和摩洛蜥专吃蚂蚁，因此，它们的舌头和食蚁兽一样，又长又黏。该目中舌头发育最完全的就是变色龙。舌头长度可以超过体长，有的甚至可达1米。舌头被高速甩到一些小型猎物（如昆虫）身上。这些猎物会粘在它们粗厚的舌尖上。有时它们也会用其他方法捕食小鸟和一些小型蜥蜴。在用舌头击打猎物的几毫秒之前，粗厚的舌尖会形成一个吸收肉垫。当舌

极端环境

土壤内部是蜥蜴生活的极端环境之一。它们能够做到这点得益于身体对环境的适应（如四肢缺失、眼睛微小），这使它们可以在土壤中挖掘通道。另一种栖息环境在海中，这一点归功于它们眼睛下方的泄盐腺。高浓度的盐滴到鼻孔，然后在那里通过呼吸排出。

海中
加拉帕戈斯岛的海鬣蜥是现今唯一一种生活在海洋里的蜥蜴，以海藻为食。

地下
墨西哥盲蜥因四肢的缺失和细长的体形，可以在地下生活。